超越

DISC+ 赋能更优秀的自己

DISC+ 社群 出品　陈韵棋 主编

华中科技大学出版社
http://www.hustp.com
中国·武汉

图书在版编目(CIP)数据

超越:赋能更优秀的自己/陈韵棋主编. —武汉:华中科技大学出版社,2021.11
(2021.12重印)
ISBN 978-7-5680-7604-3

Ⅰ. ①超⋯　Ⅱ. ①陈⋯　Ⅲ. ①人生哲学-通俗读物　Ⅳ. ①B821-49

中国版本图书馆 CIP 数据核字(2021)第 203679 号

超越:赋能更优秀的自己　　　　　　　　　　　　　　　　陈韵棋　主编
Chaoyue:Funeng geng Youxiu de Ziji

策划编辑：沈　柳
责任编辑：康　艳
装帧设计：琥珀视觉
责任校对：张会军
责任监印：朱　玢
出版发行：华中科技大学出版社(中国•武汉)　　电话：(027)81321913
　　　　　武汉市东湖新技术开发区华工科技园　　邮编：430223
录　　排：武汉蓝色匠心图文设计有限公司
印　　刷：湖北新华印务有限公司
开　　本：710mm×1000mm　1/16
印　　张：16
字　　数：276千字
版　　次：2021年12月第1版第2次印刷
定　　价：48.00元

本书若有印装质量问题，请向出版社营销中心调换
全国免费服务热线：400-6679-118　　竭诚为您服务
版权所有　侵权必究

contents

DISC 理论解说 ·· 001

第一章　让成长更快乐 ·································· 010

轻松养育——用游戏力陪伴孩子快乐成长 …… 周春华/012

亲子赋能——向前一步自赋能之旅 ·················· 王艺霖/027

快乐成长——探索无忧的青春年华 ·················· 邹语今/039

第二章　让职场更温暖 ·································· 051

共情领导——做个懂员工的好上司 ·················· 管奇/053

经营人心——好领导的情商管理之道 ·············· 刘艳/066

创新领导——灵活运用四个法宝助你成为好领导 …… 余维/078

第三章　让业绩更亮眼 ········· 090

线上成交——四招打破抗拒 轻松提高业绩 ······ 赖静茹/092
玩转内容——越懂受众才越能制造爆款 ······ 焱公子/106
优质服务——提升产品核心竞争力的法宝 ········ 褚丹/118

第四章　让培训更闪耀 ········· 133

培训策划——效能呈现九宫格 ············ 郑耀波/135
演绎呈现——用导演思维打造极致 PPT ·········· 潘洋/147
生动演绎——故事型培训案例设计 ············ 马腾/166
讲台之光——企业培训师修炼手册 ·········· 徐伯达/176
职业跃迁——自由讲师的自我修炼 ············ 陆红连/188

第五章　让人生更丰盛 ········· 197

效能突破——个体崛起时代如何自主掌控人生 ···· 黄源清/199
职场跃迁——财务人员快速晋升指南 ·········· 陈婉莹/211
投资评测——打造个人稳健盈利交易系统 ········ 丁伟/227
高配人生——自我健康管理实现品质生活 ···· 陈硕琪/240

DISC 理论解说

本书的理论依据来自美国心理学家威廉·莫尔顿·马斯顿博士在1928年出版的 *The Emotion of Normal People*。他在书中提出：情绪是运动意识的一个复杂个体，它由分别代表运动神经本性和运动神经刺激的两种精神粒子传出冲动组成。这两种精神粒子的能量通过联合或对抗形成四个节点，这四个节点是通过以下两个维度来划分的。

一个是，环境于"我"是敌对的还是友好的。如果对方呈现敌对的状态，大多数情况下，"我"更关注任务层面，很少和他人交流个人感受；如果对方呈现友好的状态，"我"常常倾向于先建立良好的人际关系。简单来讲，就是关注事还是关注人。

一个是，对方比"我"强，还是比"我"弱。如果"我"强，"我"就会用指令的方式，呈现主动出击的状态；如果"我"弱，"我"就会用征询的方式，呈现被动逃避的状态。简单来讲，就是直接（主动）还是间接（被动）。

维度一：关注事/关注人。

换句话说，就是任务导向，还是人际导向。如果是任务导向，大多谈论的是事情本身，面部表情会比较严肃；如果是人际导向，大多就谈论人，面部表情会比较放松。也可以用温度计作比，关注事的人，温度会比较低一点；关注人的人，温度会比较高一点。

那么在企业里，是关注人好，还是关注事情好呢？如果只关注事情，团队里就不会有凝聚力，企业很难长时间存续；如果只关注人，团队就不会有业绩，企业就不能做大做强。所以，在一个团队里，如果我们不能做到既关注人，又关注事情，那最好是要有关注人的人，也要有关注事情的人，就是要做到"打配合，做组合"。

维度二：直接（主动）/间接（被动）。

换句话来说,主动就是直接,讲话单刀直入,表现出强大的气场、节奏很快、果断、有激情;被动就是间接,讲话委婉含蓄,表现得比较随和、小心谨慎、安静而保守。

究竟是直接好,还是间接好呢?答案是:从他人的角度出发。如果对方是直接的,就用直接的方式;如果对方是间接的,就用间接的方式。与人沟通的时候,用对方喜欢的方式对待他,往往容易得到想要的结果。

根据这两个维度就可以把人大致分为 D、I、S、C 四种特质。

关注事、直接:D 特质。

关注人、直接:I 特质,

关注人、间接:S 特质。

关注事、间接:C 特质。

D 特质——指挥者

D 是英文 Dominance 的首写字母,单词本义是支配。指挥者目标明确,反应迅速,并且有一种不达目的誓不罢休的斗志。

注重结果,目标导向	高瞻远瞩、目光远大	有全局观,抓大放小	不畏困难,迎接挑战
精力旺盛、永不疲倦	意志坚定、越挫越勇	工作第一、施压于人	强硬严厉、批评性强
脾气暴躁、缺乏耐心	控制欲强、操控他人	自我中心,忽略他人	不善体谅,毫无包容

处世策略: 准备……开火……瞄准!

驱动力: 实际的成果。

特点识别:

形象——常常穿着干练、代表权威的服饰,比如职业装;因为时间观念很强,喜欢戴大手表;很少佩戴首饰,不太关注头发等细节。

表情——很严肃,甚至严厉,笑容很少;目光犀利,眼神笃定,不怕直视对方。

动作——很有力量,能鼓舞人;说话快、做事快、走路也快。

说话——音量大、高亢,语气坚定、果断。

面对压力时:

对抗而不是逃避,会变得更加独断,更加强调控制权,比平时更关注问题;对于那些优柔寡断、行动缓慢的人,尤其没耐心。

希望别人: 回答直接、拿出成果。

代表人物: 董明珠。

董明珠是格力董事长、商界女强人,她的霸气众人皆知。曾有同行这样形容她:"她走过的路,寸草不生!"

I 特质——影响者

I 是英文 Influence 的首写字母,单词本义是影响。影响者热爱交际、幽默风趣,可以称作"人来疯"和"自来熟"。

善于交际,喜欢交友	才思敏捷,善于表达	幽默生动,充满乐趣	别出心裁,有创造力
善于激励,有感染力	积极开朗,追求快乐	口无遮拦,缺少分寸	不切实际,耽于空想
情绪波动,忽上忽下	丢三落四,杂乱粗心	缺乏自控,讨厌束缚	畏惧压力,不能坚持

处世策略: 准备……瞄准……开火!

驱动力: 社会认同。

特点识别:

形象——喜欢色彩鲜艳的衣服,关注时尚;喜欢层层叠叠的穿衣方式、夸张的佩饰、独特的发型。他们会把自己打扮得光鲜亮丽,吸引他人的眼球。

表情——丰富生动、爱笑。

动作——很多肢体语言,动作很大,比较夸张;喜欢身体接触。

说话——音量大、语调抑扬顿挫、戏剧化。

面对压力时:

第一反应是对抗,比如口出恶言,他们试图用自己的情绪和感受来控制局势。

有时候给人不舒服的感觉。

希望别人：优先考虑、给予声望。

代表人物：黄渤。

黄渤幽默风趣,很会调动气氛。在日常演讲和交际中常常面带微笑,非常容易感染别人;他的演技也得到广大观众的认可和喜爱,在娱乐圈,拥有好人缘。

S 特质——支持者

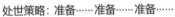

处世策略：准备……准备……准备……

S 是英文 Steadiness 的首写字母,单词本义是稳健。他们喜好和平、迁就他人,凡事以他人为先。

善于聆听,极具耐心	天性友善,擅长合作	化解矛盾,避免冲突	关心他人,有同理心
镇定自若,处事不惊	先人后己,谦让他人	惯性思维,拒绝改变	迁就他人,压抑自己
自信匮乏,没有主见	行动迟缓,慢慢腾腾	害怕冲突,没有原则	羞于拒绝,很怕惹祸

处世策略：准备……准备……准备……

驱动力：内在品行。

特点识别：

形象——服饰以舒适为主,没有特点就是最大的特点,不想成为焦点。

表情——常常面带微笑,安静和善、含蓄,让人觉得容易亲近。

动作——动作不多,做事慢,习惯不慌不忙。

说话——音量小、温柔,语调比较轻,一般不太主动表达自己的情绪。

面对压力时:

犹豫不决。他们最在意的是安全感,害怕失去保障,不愿冒险,更喜欢按部就班地按照既定的程序做事情。

希望别人: 作出保证,且尽量不改变。

代表人物: 雷军。

小米的创始人雷军,笑容可掬,很有亲和力。有一次,他去一个新的办公地点,因为没有戴工牌,所以保安不让他进。雷军很有绅士风度地跟那个保安说:"我姓雷。"谁知道保安不买账,对他说:"我管你姓什么,没有工牌就是不能进。"雷军无奈,只好打电话给公司的行政主管,让主管下来接自己。

C 特质——思考者

处世策略:准备……瞄准……瞄准……

C 是英文 Compliance 的首写字母,单词本义是服从。他们讲究条理、追求卓越,总是希望明天的自己能比今天的自己更好。

条分缕析,有条有理	关注细节,追求卓越	低调内敛,甘居幕后	坚韧执着,尽忠职守
善于分析,发现问题	完美主义,一丝不苟	喜好批评,挑剔他人	迟疑等待,错失机会
专注细节,因小失大	要求苛刻,压抑紧张	死板固执,不会变通	忧郁孤僻,情绪负面

处世策略：准备……瞄准……瞄准……

驱动力：把事做好。

特点识别：

形象——常常穿着整洁、简单的服饰，很少佩戴首饰，形象专业。

表情——很严肃，甚至严厉，笑容很少；目光犀利，眼神笃定，不怕直视对方。

动作——很有力量，能鼓舞人。

说话——语调平稳，音量不大。

面对压力时：

忧虑、钻牛角尖；做决定时，比较谨慎，喜欢三思而后行。

希望别人：提供完整详细的资料。

代表人物：乔布斯

乔布斯对于审美有着近乎苛刻的追求，对设计的完美有着变态的挑剔。苹果产品如此受欢迎正是得益于乔布斯的 C 特质。据说，他曾要求一位设计师在设计新型笔记本电脑时，外表不能看到一颗螺丝。

经过 90 年的发展，马斯顿博士提出的 DISC 理论在内涵和外延上都发生了巨大的变化。利用 DISC 行为分析方法，可以了解个体的心理特征、行为风格、沟通方式、激励因素、优势与局限性、潜在能力等等。也可以将 DISC 行为分析方法广泛应用于现代企业对人才的选、用、育、留。

DISC + 社群联合创始人、知名培训师和性格分析标杆人物李海峰老师，深度研究 DISC 近 20 年，并在 2018 年与肖琦和郭强翻译了《常人之情绪》。他提出，学习 DISC 有三个假设前提：

每个人身上都有 D、I、S、C，只是比例不一样而已。所以，每个人的行为和反应会有所不同。

有些人 D 特质比较明显，目标明确、反应迅速；有些人 I 特质比较明显，热爱交际、幽默风趣；有些人 S 特质比较明显，喜好和平、迁就他人；有些人 C 特质比较明显，讲究条理、追求卓越。每个人身上并不是只有一种特质。当我们遇到问题的时候，想一想：凡事必有四种解决方案。

D、I、S、C 四种特质没有好坏对错之分，都是人的特点。用好了就是优点，用错了就是缺点。

凡事必有四种解决方案 DISC+

有人觉得 D 特质的人太强势，但他们可以给世界带来希望；有人觉得 I 特质的人话太多，但他们可以给世界带来欢乐；有人觉得 S 特质的人太保守，但他们可以给世界带来和平；有人觉得 C 特质的人太挑剔，但他们可以给世界带来智慧。

懂得了这点，我们就有能力把任何缺点变成特点，可以向对方传递"我懂你"的态度，这样可以拉近彼此的距离。

D、I、S、C 可以调整和改变。一个人的行为风格可以调整和改变吗？其实，我们每天都在改变。

当我们不注意的时候，惯用的行为模式就会悄悄显露。比如，在面对 D 特质的老板时,我们可能更多使用 S 特质来回应;在面对不愿意写作业的孩子时,我们可能使用 D 特质来应对。其实在与他人互动的时候,我们的行为已经在调整和改变。重要的不是 D、I、S、C 哪种特质,而是如何使用每一种特质。

过去我们是谁,不重要;重要的是,未来我们可以成为谁。只要有意识地调整,我们每一个人都可以成为自己想成为的样子。

学习 DISC 有三个阶段。

第一阶段:贴标签。通过对他人行为的观察,基本可以识别对方哪种特质比较突出。

第二阶段:撕名牌。每个人在不同的情境下,有可能呈现不同的特质。

第三阶段:变形记。需要的时候,我们可以随时调整自己,呈现当下所需要的特质。遇到事情的时候,也要记得提醒自己:凡事必有四种解决方案。

我们常说:职场如战场。其实这句话有问题。战场上,我们面对的都是敌人;职场上,我们需要学会与人合作。

成熟的职场人士关注两个维度:事情有没有做好,关系有没有变得更好。DISC 就是这样一个可以帮助我们有效提升办事效率、提升人际敏感度的工具,一个值得我们一辈子利用的工具。

第一章

让成长更快乐

周春华

DISC国际双证班第38期毕业生
父母游戏力©认证讲师
正面管教家长/学校讲师

扫码加好友

轻松养育
——用游戏力陪伴孩子快乐成长

> 良好的亲子关系不仅能让孩子获得当下的快乐,更能为他未来的成功奠定基础,而游戏力养育的目标就是培养这种健康的亲子关系。
>
> ——劳伦斯·科恩

父母游戏力着眼于"轻松养育"。用游戏力的生活态度去养育孩子,不仅可以很好地与孩子建立联结,还能关爱自己,让压力重重的亲子教育变得轻松快乐。

亲子关系大于一切

这些年里,我遇到的父母都有一个共同诉求,那就是:如何让孩子愿意配合我们。

父母对孩子充满期待,总希望孩子可以每天按时完成作业、早睡早起、好好吃饭、不磨蹭、不贪玩……于是,不由自主地通过控制、唠叨、讲道理等方法来养育孩子。然而,往往事与愿违。越控制,孩子越反抗;越唠叨,孩子越不耐烦;越讲道理,孩子越对着干。

尤其是孩子上小学以后,写作业成了家里的头等大事。网络上各种家长陪伴孩子写作业的视频,不是暴跳如雷的父母,就是怎么都不开窍的孩子,隔着屏幕都能感受到家长和孩子的苦恼。事实上,就连很多学习过亲子教育课程的父母都未能幸免,他们说孩子上了小学就彻底变了。

我的朋友小霞就是其中一位。小霞在女儿上幼儿园的时候就要求自己做和善且坚定的妈妈,但是女儿上了小学后,小霞发现女儿的同学课后都在上各种补习班,而她女儿连作业都写不完,还越催越慢,每天做作业到晚上11点。因此,小霞控制不住自己的脾气,每天吼孩子,跟女儿的关系越来越差。

一见面,小霞就跟我抱怨说:"我女儿怎么写字这么慢,上幼儿园时让她开心玩,是做错了?虽然只是小学一年级,却感觉她已经有了青春期的叛逆。有时候,女儿都不愿意去上学,一出门就哭,放学回到家,一写作业也哭个不停……"

这些场景是不是似曾相识?我们退后一步来看这件事,作业是谁的事呢?如果父母将作业视为自己的责任,那孩子肯定不会上心。刚上一年级的孩子,最重要的不是快速地完成作业,而是应该培养良好的学习习惯。刚开始写大量汉字,速度肯定会很慢,那么就需要预留足够的时间给孩子慢慢写。在这个过程中,还要不断鼓励孩子。

理解和倾听是最好的联结助力器,游戏是最好的联结方式。所以,当孩子放学回家后,父母应第一时间与孩子重建联结,准备一些孩子爱吃的点心和水果,一起聊聊在学校一天的情况。在孩子写作业之前,父母可以陪孩子一起玩会儿游戏。这样不仅不会耽误时间,还能帮助孩子更好地进入写作业的状态。

当我们和孩子关系好了,有了深入的联结,他才愿意听父母说,才可能被父母影响。写作业这件事与其他育儿挑战一样,它都不值得父母牺牲亲子关系。因为没有良好的亲子关系,其他事情就都没有了依托。

当我们与孩子有了联结,孩子才愿意合作。

永远不要因为作业或者其他事情去破坏亲子关系!

游戏力核心理念

游戏力养育最核心的理念就是联结、向内看和轻推。劳伦斯·科恩博士在《游戏力养育》这本书中将这三个元素进行了细分。联结,包含和自己、和孩子建立深入的情感联结；向内看，包含向内看自己、看孩子内心的需求；轻推，包含轻推自己、轻推孩子。

联结

> 父母和孩子联结得越深，就越懂彼此；越懂彼此，就联结得越深。
>
> ——劳伦斯·科恩

与孩子联结。 尝试回忆自己小时候写作业的场景，或者尝试用左手写字来细细体会孩子刚学写字的困难。这样，我们才能感同身受，才能与孩子建立深深的情感联结。当孩子写作业遇到困难时，我们要真诚地理解孩子的担心、怯懦、自我怀疑等情绪，并支持他们。

我女儿在幼儿园刚学写数字的时候，写得歪歪扭扭，有大有小。写"8"的时候，要么上面圈小下面圈大，要么上面圈大下面圈小。我觉得无所谓，她自己却不满意，写了擦，擦了又写，还问我："妈妈，我写得好看吗？"我说好看呀，她却哭了，说："妈妈，我写不好，你看，怎么变成了这样，上面的圈这么小呢？"

女儿的哭声让我警醒，其实我并没有真正看，只是敷衍地瞄了一眼，就说她写得还行。这时候她是希望得到我的用心指导的。她擦干眼泪告诉我说，希望我能握着她的手教她写得美一点。当我们重建联结以后，我们越懂得彼此的需求，越懂得彼此，联结得越深。写作业这件事成了我们共同的美好回忆。

与自己联结。 孩子在写作业的过程中，有时候不断叫我指导，也会让我自己特别烦躁，这时候就需要与自己联结了。

比如新冠肺炎疫情期间，我需要在家办公。女儿总是打断我，我意识到自己的不耐烦和敷衍。后来，我就会提前拜托女儿的爸爸或者外婆在旁边陪伴一下她，或者跟她提前约好，等我工作完成后留出专门的时间来陪伴她。

劳伦斯·科恩博士一直强调，联结不是一直存在的，而联结断裂也并不可怕，因为联结是可以重建的。联结断裂，并不是联结消失，而是这段时间，我们遇到了困难和挫折，需要去重新与孩子建立联结。

所以父母不用担心,为了辅导作业而和孩子产生隔阂。因为,我们依然可以重建联结。信任孩子,在爱中放手,将作业的责任归还孩子,倾听孩子的心声,在交流和游戏中重建联结。

再次强调:联结并不是一直存在的,联结断裂以后还可以重建。

向内看

> 向内看意味着通过反思和自我觉察,发现最深层的养育价值观,通过避免冲动反应,找到内心深处更安静的声音。向内看也意味着看向孩子的内心,看到他表面行为下的感受和需求。
>
> ——劳伦斯·科恩

在亲子教育的过程中,向内看自己,意味着看自己内心深处的感受、想法和决定;向内看孩子,意味着看孩子内心深处的感受、想法和决定。看到深层的价值观和需求,才能有效帮助我们更好地倾听彼此、看见彼此、读懂彼此。

有些父母不喜欢向内看,因为向内看意味着要撕开自己,他们怕看见自己不够爱孩子;有父母看见自己曾经犯过很多错误,不敢面对内心的羞愧、内疚、自责、懊悔等。也有父母不敢看向孩子,不敢面对孩子内心深处有强烈的安全感、归属感、价值感缺失;怕看见孩子的内心以后,会更加不知所措,不知道如何面对孩子。

但是,要想达到轻松养育,就得穿过这些迷雾。只有穿过这些迷雾,父母才能真正地享受游戏力带来的轻松自在,才能发自内心地放过自己、放过孩子。

向内看,是打破自己的过程,也是破茧成蝶的过程。

轻推

> 轻推五原则:始终陪伴,每一步都要一起走;速度要慢,成人要拿出"我们拥有世界上所有时间"的态度;经常暂停,永不放弃;保持在情绪临界点上;始终给予情感支持。
>
> ——劳伦斯·科恩

轻推是温和的助力选择。当孩子遇到困难时,我们需要用轻推的方式,而不是大力强推。轻推的方式可以帮助孩子更好地挑战自己、坦然地面对困难。

轻推,在于识别孩子的情绪临界点。我们的动物脑在遇到危险时的本能反应是打、逃、僵,而情绪脑遇到压力时会产生很多负面情绪。当孩子遇到困难的时候,D特质明显的父母会用强制的方式,但这样会吓到孩子,让孩子情绪崩溃。轻推,更多是使用S特质,包容、接纳孩子的情绪,通过鼓励的方式,在孩子情绪临界点之前向前轻轻地推一点。

孩子需要被轻推,否则会错过很多机会。我女儿从小喜欢表演,家里大大小小的生日宴,她都会上台把自己会背的古诗、会唱的歌曲全部展示出来。但是,随着年龄的增长,她开始有点怯场,怕当众表演。

轻推,需要我们放慢脚步,用心识别孩子的感受和需要。在一次课程上,我鼓励她和几个小朋友一起上台展示一下。她看起来有点怕,我微笑地看着她,拉起她的手,和她一步步地慢慢往前走。在这个过程中,我能感觉到她其实很想上台,只是害羞。刚开始,她站在那里有点不自在,慢慢地就跟着大家一起表演了,最后蹦蹦跳跳地下台了。在这个过程中,我全程微笑地注视着她,给她竖大拇指。当她也向我露出甜甜的微笑时,我的心也被她暖到了。

如果强推的话,只会适得其反。记得女儿在学校的一次走秀表演,被分到和其他班级的孩子一起练习。因为陌生,练习完以后,她崩溃地大哭。但我很想让她去参加表演,坚持和老师劝她留在隔壁班级练习。我以为她只是第一次不适应,没想到,陌生的环境、陌生的老师和同学,还有陌生的课程,早让她越过了情绪临界点。之后的很长一段时间,只要提到"走秀"两个字,就会触发她的情绪,甚至她看到商场的秀台都会绕道而走。

轻推需要用心观察孩子,需要耐心陪伴孩子,强推不如不推。劳伦斯·科恩博士说:"轻推这种方式既坚定又有爱,既有指引又没压力,是在过度放任和严厉逼迫之间找到的一条中间道路。"

运用游戏力的生活态度支持孩子

我希望能够与父母一起实现一个美好的愿景：让每一个孩子都能够被爱、被尊重、被倾听、被接纳、被珍视。

——劳伦斯·科恩

在父母游戏力的课程里，有多种支持孩子的方式。我们可以通过迎接情绪、用游戏的方式加入孩子、与孩子随时随地建立联结、为孩子构建充满爱的家庭、为孩子建立安全基地等方式去支持孩子。不同行为风格的父母，支持孩子的方式，也会不同。

D 特质父母——"专门时间"替代"强制命令"

D 特质父母关注事，行动快，目标坚定，比较直接，习惯控制孩子，有些独断。相比较而言，在倾听孩子方面，他们面临较大的挑战。

在 D 特质父母的管教下，孩子往往很听话，成绩也很优异，但很多孩子到了三年级以后，随着自身的能力变强，开始萌发反抗心理，结果往往越走越偏。有些孩子表面上依然听父母的话，但私底下却和父母对着干。有时候，甚至连父母都没有觉察到，孩子已经选择了错误的对抗方式。

那么 D 特质父母该如何更好地倾听孩子呢？

D 特质父母通常在自己的事业上付出大量时间，工作忙碌，陪伴孩子的时间有限。建议 D 特质父母选择游戏力养育方式的"专门时间"来支持孩子。

专门时间是灵活的方式，时间可长可短，可以设定为三分钟、五分钟或者十分钟，在自己可接受的时间内，让孩子带领你做任何事。最重要的是绝不干扰孩子的决定，不给建议，哪怕孩子在这段时间里做的都是你平时不允许他做的事情。

有些孩子会在这时候挑战 D 特质父母，比如，平时不让吃的东西在这段时间一直吃，平时不让看的电视或者不让玩的游戏，都会选择在这段时间尽情地看或玩。刚开始，孩子可能不会放开玩，也会有试探父母的想法。当他发现父母是真心允许他做任何想做的事情的时候，就会释放平时压在心底的不能表达的情绪。这样会给孩子带来良好的影响。

如果 D 特质父母愿意这样做，亲子关系一定会得到缓和。多从孩子的角度出发：如果我是他，我希望自己被怎样对待。你愿意试试吗？

I 特质父母——"迎接所有情绪"替代"只能开心"

I 特质父母爽朗、外向而热情。孩子与 I 特质父母在一起往往会很开心，有时候 I 特质父母甚至比孩子还像孩子。

在孩子小的时候，擅长玩的 I 特质父母会带着孩子到处玩，特别开心。随着孩子慢慢长大，他们会觉得父母显得有点"不靠谱"。他们行动快，不太关注细节，有时候会忽略孩子的负面情绪。比如，带孩子做一些孩子本身不喜欢的事，而做这些事可能只是为了得到别人的称赞和认同。

在游戏力养育方式里，I 特质父母可以更多地运用"迎接情绪"的方式去支持孩子。这里的情绪不仅仅只有开心，还有沮丧、无力、难过、伤心、愤怒、崩溃等。如果

I 特质父母能够沉下心，在共处的时间里，安静且耐心地倾听孩子，让孩子的情绪得到宣泄，接纳孩子的每一种情绪，就可以让孩子与自己走得更近。

S 特质父母——"游戏时间"替代"自虐式付出"

S 特质父母总是扮演支持者的角色，非常稳定、谨慎、有耐心。这样的父母，有着自虐式的付出精神，往往会让孩子有压力。因为付出很多，他们希望得到孩子的认可，又因为内敛而说不出口。有时候，孩子可能随口一句话就会让 S 特质父母敏感、伤心。

S 特质父母把家里料理得很好，把孩子的生活起居照顾得很好，也能很好地陪伴孩子，但不擅长玩游戏，难以和孩子玩成一片。

在游戏力养育方式里，S 特质父母可以更多地运用"游戏"的方式去支持孩子。因为游戏是孩子的语言，跟孩子一起游戏可以快速地与孩子玩在一起，产生更亲密地联结。游戏可以选择"特殊游戏时光"，每周一次或每天一次，约定的时间，跟孩子一起玩；还可以选择"自由游戏时光"，让孩子主导游戏。

把自己想象成孩子，回忆自己小时候的游戏时光，让自己从自虐式付出中跳脱出来，跟孩子玩起来吧！

C 特质——"充满爱的家庭"替代"挑刺家庭"

C 特质父母关注事，行动慢，很谨慎，所以常常会觉得自己很聪明，自己做得都对，不容易被说服，比较固执己见，特别喜欢给孩子挑刺。他们虽然爱孩子，但常常看到孩子的缺点而忽略了优点，让孩子感觉不到被爱。

在游戏力养育方式里，C 特质父母可以更多地运用为孩子构建充满爱的家庭去支持孩子，C 特质父母在家里与伴侣、与长辈、与孩子相处都比较被动，也常常一开口就挑剔，影响家庭气氛，也会给孩子带来不好的感受。孩子会觉得父母关系紧张，会没有安全感。

C特质父母要放弃自己都对、自己都好的念头,多关注家人的优点,少挑刺,多向家人表白,用温暖的家庭氛围给予孩子支持,让孩子有安全感,让孩子在爱的港湾里健康成长。

运用游戏力的生活态度支持自己

我的梦想是让所有父母得到支持,这样他们才能支持自己的孩子。父母有很多话要说,需要被倾听;身为父母,任重道远,需要尊重和帮助;父母无私奉献,需要"被蓄杯"。我希望:游戏力养育能够在养育之旅上滋养父母,父母在人生之旅上滋养子女。

——劳伦斯·科恩

在DISC社群,流传一句话"懂是最好的爱"。我们懂自己吗?我们爱自己吗?我们常常说"父母应该自我慈悲,而不是自我批评",作为父母,关注自己、支持自己,也是一个重要的话题。

游戏力是一种生活态度,一种轻松的养育方式。在亲子教育过程中,我们如何才能更好地让自己轻松,让自己快乐呢?我们往往会先放下自己的需求,优先满足孩子的需求。可是,我们自己的"爱之杯"都空了,拿什么爱孩子呢?

我们希望自己成为怎样的父母?什么对我们来说是最重要的?DISC强调人的行为是可以改变的,所以不仅要认识到我是谁,更要认识到我想成为谁。父母如果能够做到关注自己,关注自身的需求,为自己蓄杯,倾听自己,就能更好地找到自己,更好地回归亲子教育的初衷。因为唯有找到支持自己的方式,我们才能更好地支持孩子。

D特质父母——向养育团队借力

D特质父母大多比较强势,在与孩子陷入僵局无法沟通的时候,常常忍不住大发雷霆。别忘了,你不是一个人,你可以寻求支持,与孩子陷入僵局时不如暂时退出,让其他家庭成员来陪伴孩子,等自己蓄好杯,再与孩子重建联结。

几位D特质爸爸可以相约喝一杯,互相聊聊自己的失败经验。谈笑之间为自己蓄好杯,回家又是元气满满的爸爸。一向独当一面的D特质父母,生活中学会放过自己,寻求支持,也是不错的体验。打配合做组合,家庭里行为风格跟你不一样的人,就是你的最佳搭档,和家人互相尊重、互相配合,可以给孩子营造更温暖的家庭氛围。

I特质父母——向内在看见优势

I特质父母性格外向,自信、乐观、开朗,如果遇到养育难题的时候,可以暂停一下,多探索自己的内在,看清自己的优势,做孩子的小太阳,给自己蓄满杯,再去解决问题。

另外,I特质父母有很多朋友,所以蓄杯的方式也有很多种:可以和朋友约会,或者通过运动、休闲等方式,走出家门……I特质父母,请多发掘自己的优点,经常对着镜子说出自己的优点,让内心充满阳光,温暖自己,再去温暖孩子。

S 特质——与倾听伙伴同在

S 特质父母性格随和，任何事情都自己默默消化。这其实并没有什么不好，但还可以有更多选择。可以建立父母倾听小组互相倾诉、鼓励，或者找到固定的倾听伙伴，将埋在心底、平时说不出口的话跟他们聊聊。

去倾听和你有一样困扰的父母们诉说他们的困扰，同样也有疗愈作用，也可以让你受益。

游戏力养育不仅是分享快乐和欢笑，也分享痛苦和烦恼。当有人不评判、不给建议，全然倾听你、与你同在的时候，你的爱之杯就会被蓄满，因为理解会带来力量。这样的倾听伙伴是可以一辈子在一起互相蓄杯的，蓄完杯再去支持孩子会更有力量。

C 特质——请常常自我慈悲

C 特质父母比较严谨，追求完美，常常会苛求自己。在遇到养育难题的时候记得自我慈悲，孩子需要鼓励的时候不去挑刺，孩子需要安慰的时候不要硬讲大道理，慢慢你会发现，眼中的沙会变成珍珠。

我们都是平凡的父母，我们都会犯错，所以不必完美。孩子是我们生命中最重要的人，但我们也要重视自己，倾听自己。

现在，请跟我一起做在父母游戏力讲师班上，丽兹博士带领我们做的自我慈悲的练习："愿我平安，愿我平和，愿我善待自己，愿我如其所是地接纳自己。"

作为父母，我们也需要被理解、被尊重，学会放下，学会自我慈悲，跟孩子更好地玩耍，更好地一起前行。

四款游戏创造高质量陪伴

有一个最简单的养育方法:父母只要多花点时间,放松快乐地陪陪孩子,就能解决家庭中的大部分挑战和问题。

——劳伦斯·科恩

游戏力养育,不仅仅是游戏,但不可缺少的一定是游戏。游戏,可以让我们和孩子大笑,可以让我们和孩子建立联结,可以让我们和孩子达成合作,可以让我们和孩子对彼此充满爱意。用游戏的方式陪伴孩子,是最高质量的陪伴。

在游戏过程中,孩子的学习力、创造力、情商、社交能力等,都能得到有效的发展。这世界上要说最不费钱的养育方式,大概就是陪孩子游戏了吧。

在游戏力养育中,有非常多游戏值得父母与孩子一起探索。推荐四款适合父母陪伴孩子玩的游戏。

D 特质父母的陪伴游戏:枕头大战

枕头大战是我在父母游戏力课堂里最喜欢的游戏,也是我跟孩子玩得最多的游戏。枕头大战是一种很好的释放情绪的游戏。当然父母在游戏中要收着一点力量,不过因为有枕头的缓冲,孩子也能承受。

在玩枕头大战之前,要关注以下细节:如果枕头上有绳子、挂坠或者拉链头,要记得握在手里,不然打到身上会很痛;取下身上佩戴的东西,方便奔跑;规则也可以按照家庭习惯自行设定,比如有家庭不可以打头、有家庭只能打屁股等。

枕头大战,非常消耗体力,建议设置好闹钟,比如只可以打五分钟,闹钟响起就停下休息,或者只要有人举手暂停就立马停下等。D 特质父母在枕头大战的过程中,可以表现得弱一点,让孩子更有掌控感、力量感。

I 特质父母的陪伴游戏：玩偶演绎

I 特质父母特别适合演绎游戏，因为他们是天生的"戏精"。科恩博士在讲座上常常会拿出玩偶演绎，特别生动，我到现在都记忆犹新。

在家里，可以跟孩子一起做情景剧，用两只玩偶互相对话，或者用玩偶来轻推，模拟现实生活中，孩子怎么跟朋友打招呼、怎么跟朋友好好相处等。

I 特质父母在演绎方面的天赋可以让孩子在游戏中学到很多，可以修正孩子的很多不当行为，可以保护孩子的自尊。记得有一个场景：一个小男孩在幼儿园经常打旁边的孩子。父母做玩偶演绎，用一只可怕的恐龙去抓小熊，说："我喜欢你。""小熊"吓得往后缩。当孩子看到这样的场景，他会意识到自己沟通上存在一些问题。回到现实生活中，他就会像玩玩偶时一样，用轻轻握手或者轻摸一下的方式去跟朋友沟通。

S 特质父母的陪伴游戏：捉迷藏游戏

捉迷藏游戏，是一个不需要任何道具，只需要父母陪伴就能达成目的的游戏。这个游戏非常经典，也是孩子最爱玩的游戏，父母消失之后又总能出现，对孩子建立安全感很有帮助。

S 特质父母非常有耐心，玩捉迷藏游戏时，哪怕孩子每次都躲在同样的地方，都能耐心地陪孩子玩下去。高质量的陪伴往往来自于此。

当孩子越来越大或者家里的空间有限的时候，可以选择"寻找彼此的爱"来替代捉迷藏，先在纸上画出或者写上对彼此的爱，再在纸里包上糖果或者小物件，藏在家里的各个角落，父母和孩子去寻找彼此的爱。

C 特质父母的陪伴游戏：搭建乐高

很多孩子从小的时候，就开始玩乐高。这个游戏可以提高孩子的动手能力。陪孩子一起搭建乐高不仅可以培养孩子的耐心，与孩子一起学习成长，还能跟孩子一起共度美好时光。C特质父母很擅长思考、有条理,是孩子的好帮手和好榜样,所以很适合搭建乐高,即使一次又一次失败,C特质父母也能坚持下去,陪孩子一起克服困难。

不管是哪种特质的父母,都要记住一点:游戏的目的是与孩子建立联结,高质量的陪伴不是为了有一天让孩子听你的话,愿意去做你想让他做的事情。陪孩子玩的时候,我们仿佛也回到了小时候,忘记了成年人世界里的种种烦恼,这于我们而言,也是一种释放、一种疗愈。

养育孩子,不是一蹴而就的,很多时候,我们会走一些弯路。学习游戏力养育,可以让我们在养育过程中收获更多选择,更多的联结方式,更多的倾听机会,更多和孩子一起游戏的美好时光。游戏力养育,给我们带来安慰,带来希望;也给孩子带去支持,带去快乐……

王艺霖

DISC授权讲师认证项目A5期毕业生

知名亲子沟通专家

国家二级心理咨询师

扫码加好友

亲子关系
——向前一步自赋能之旅

我们每一个人都生活在关系里,生活在对话中。我们的沟通模式存在于我们与他人的相处之中。

如果与领导无法沟通,我们可以选择离职;如果与朋友相处不悦,我们可以选择永不再见;如果与配偶无法相处,我们可以选择分开。唯有与孩子,我们不能扔、不能离。从孩子出生的那一刻起,我们就必须面对亲子关系。

父母都希望能与孩子很好地沟通,希望给他们良好的成长环境,希望亲子关系能够良性发展。然而,有时候父母说出来的话却变了样。孩子感受到的不是爱,而是伤害。

在过去的18年里,我持续地为"亲子关系赋能"寻找一个可以让每一个人都能拥有的、便捷落地的、能带动行动的、能为自己赋能的工具。直到2020年,我终于找到了DISC这个工具。

海峰老师说:"DISC是支持你发展得更好、让我们更好地与这个世界相处的工具。"

DISC自赋能体的蜕变过程

DISC是一个可以帮助我们了解自己和理解他人的工具。当我掌握了这个工具以后,我将其应用于咨询和授课中,带着家长一起经历"贴标签""撕名牌""变形记"三个自赋能体的蜕变过程。

初识时——"贴标签"

学习 DISC 的第一步,是"贴标签"。这个过程可以帮助我们更深入、更具象化地了解自己和别人。

每个人身上都有 D、I、S、C 四种特质,只是每种特质的比例不一样而已。在这个阶段,大家的第一反应是回想自己、家人、朋友、同事们平时的行为,来初步判断他们的行为风格。

"贴标签"以后,我们就清楚人与人之间是不同的。差异性,让我们对彼此多了一分理解,多了一分"人际敏感度",更多了一分"关系安全感"。

了解后——"撕名牌"

DISC 理论强调的是冰山上的可以调整改变的行为。随着年龄的增长、情境的变化、面对不同的人,每个人的反应都会有所不同。

比如,有的孩子到了青春期,会更加关注自己的外表,还会去穿耳洞、烫染头发等。这时他们呈现的是 I 特质;平日看起来 S 特质突出的孩子,当父母偷看了他的日记时,在捍卫自己权利的时候,会呈现出强势的 D 特质。

如果不了解孩子的变化,家长是不是会在孩子愤怒地据理力争时,动用父母的权威打压孩子?比如:"你怎么可以这么跟我说话?"结果是可以预见的。

智慧不在于话说得漂亮或者说得多有道理,而在于,当下,懂得孩子。正如海峰老师常常说的:"懂是最好的爱。"只有真正地懂我们的孩子,我们的爱才能找到方向。

运用时——"变形记"

当一个人通过 DISC 了解了自己和他人的行为模式,并且能时刻觉察变化,就能在需要的时候灵活运用它,就会面对一个崭新的世界。

我的儿子平时 S 特质明显,可是对于头发这件事特别严苛,比如鬓角多高、前额头发留多长都有绝对细致的要求。有一次理发师多剪了一点,他极为不满。这时候,如果我调用 I 特质对他说:"我觉得差不多呀,挺帅的!"肯定会把他惹得更生气。但用 S 特质去理解他,说:"是的,我能理解你的心情。过几天,头发很快就能长出来了。"就能有效地帮助他平复心情。

当我们能灵活地运用 DISC 理论,就可以让我们和孩子的关系变得更好。

四张牌的人生底气

每一个人的成长道路都不是一条直线,每一对亲子关系的改善也不是一条直线,都是在螺旋上升的,也都是需要我们日复一日修炼的。

1973 年,美国著名心理学家麦克利兰提出了著名的"冰山模型",将人们个体素质的不同表现划分为表面的"冰山以上部分"和深藏的"冰山以下部分"。

其实,冰山上和冰山下两部分,并不是独立存在的,而是会相互影响的。比如,行为(冰山上)和情绪(冰山下)的关系。

一个人的情绪会影响他的行为,如有些人发脾气的时候会摔东西;一个人可以通过行为来调整情绪,如有些人紧张的时候呼吸会急促,心跳会加快,肾上腺激素水平会提高,这时做几个深呼吸,调整身体的状态,可以帮助缓解紧张情绪。

冰山以下埋藏着我们的潜意识和内在需求。我们要对冰山下进行探索——"向内看",但不能一直停留在这一层面,更重要的是要在看到之后调整自己的行为。

家长们常常带着无奈和无助的眼神求救于我:

"只有一半的人能够上高中,考不上怎么办?"

"孩子玩手机,我管还是不管?"

"我真不懂他怎么想的?是不是只有我家孩子会这样?"

……

彼此沟通的无力感,明明最亲近却无法靠近的陌生感,这些问题让父母和孩子都陷入焦虑,甚至引发冲突。

海峰老师说:"凡事必有四种解决方案。"

比如,"只有一半的人能够上高中,考不上怎么办?"可以变成:面对一半学生能够上高中的状况,我可以有四种选择——

用 D 特质来清晰目标:设定目标全力以赴,而不是尽力而为,让自己不后悔;

用 I 特质来调动热情:未来有无数种可能,万一这次没考上,我们还有其他的选择;

用 S 特质来盘点资源:哪些资源可以帮我们达成目标;

用 C 特质来校验标准:从现在开始,好好规划每一步。

四种选择让生命变得有张力。

小鸟能够安心地在枝头睡觉,不是相信树枝不会断,而是相信自己的翅膀可以飞。我们要培养的不是不会犯错的孩子,而是让他拥有在自己的可控范围内,不怕犯错的勇气和快速修正的能力。

DISC 就是让孩子更有底气的四张牌,比起只有一个选择的匮乏感,它会让孩子更从容,更有掌控感。多一种选择,就多一分力量!希望孩子带着这四张牌走向未来,迎接人生更多的可能,拥有更好的世界。

向前一步的力量

我们"看到孩子"后,接下来更重要的是"向前一步",收获更多的力量,和孩子成为自赋能体。

D 特质家长:化控制为尊重支持

有一位 D 特质妈妈,有一次带幼儿园大班的儿子参加一个活动,孩子们可以排队领取礼品。但是眼看马上就轮到儿子了,他竟然又跑到队伍后面去重新排队。

妈妈就有点恼火,心想这孩子平时就不是很爱说话,也不爱出风头,这次拿个礼物都要退到后面去。于是,她就直接帮儿子领了礼物,带他回到座位上。孩子满脸的不高兴,也不说话,给他礼物他也不要。

妈妈看到他的样子,更是气不打一处来,说:"马上就排到你了,你怎么不去领呢?这么胆小。"孩子终于忍不住了,说:"谁说我胆小!我早就算好了,我只要站在××后面就能够拿到迪迦•奥特曼了!"

孩子 C 特质突出,他已经默默盘算好怎样可以拿到自己心仪的礼物,可是 D 特质妈妈自作主张帮孩子拿了礼品,反而帮了倒忙。这就是 D 特质妈妈和 C 特质孩子的日常。

DISC 向前一步走,孩子妈妈的反思:

我在家庭生活中常常使用 D 特质,爱决策,控制欲强。自己以前总是为孩子着急上火,但其实是越俎代庖,不但没有让孩子开心,还任意改变他与世界相处的方式。现在我开始试着尊重孩子的决定和想法,用欣赏的眼光看待他,多问他的想法和感受。以后,我要多一点等待,多一些观察,多一点耐心。

I 特质家长：长袖善舞当有时

有一位 I 特质很高的妈妈，有两个孩子。大女儿较多使用的也是 I 特质，她们相处过程中充满了乐趣，常常一起看动画片，还能一起追逐打闹，特别开心。

但面对儿子，她的烦恼和困惑就来了。当她得意地说着笑话，口若悬河的时候，儿子总是不捧场，不捧场也就算了，还总是有点不能忍受的样子。妈妈一度认为儿子跟自己八字不合。

有一天，她带着两个孩子去逛街，一不小心滑倒，一屁股坐在地上，她只好一边笑着一边自嘲说："今天出门穿错了鞋子，鞋底儿太滑了。"大女儿就笑着去扶她，而儿子却小声说："妈妈，你别再这么丢人了！"

猜到了吧，儿子较多使用的是 C 特质，他不仅不能给高 I 特质的妈妈当观众，还会觉得很丢脸，所以这位妈妈，使出浑身解数却得不到儿子的认可，亲子关系陷入了困境。

DISC 向前一步走，孩子妈妈的反思：

我终于不用自我怀疑，不用认为是自己哪里有问题，更不用怀疑自己是不是跟儿子八字不合了，他只是和我的行为风格不一样。作为妈妈，要更多地看到孩子自己想做的事情，更多地鼓励他，而不是展示自己。

经过一段时间的调整，我们的亲子沟通越来越顺畅。儿子有一次对我说："妈妈，您真好！"并让我抱抱他。要知道之前我主动去抱他，他十有八九会嫌弃我。

外出的时候，他主动承担责任，帮忙拿行李；退房时还会检查房间里有没有落下物品；打出租车时，我没看清车牌就急于上车，他说，要认清楚看准确再行动，不能草率，不然很危险。

当我相信他，把事情交给他去办的时候，我也深深地感受到有一个 C 特质的孩子，是一件多么幸福的事情。

S 特质家长：温和有爱宜适度

当 I 特质的女儿遇上 S 特质的爸爸，只需要撒个娇就能搞定一切。

比如,妈妈说一天只可以吃一颗糖,女儿偏要多吃几颗,爸爸刚开始会坚持一下原则,只要女儿搂着爸爸的脖子撒娇,说:"再吃一颗好吗?我刚才吃的是葡萄味的,可是我好想吃橘子味的呀!"S特质的爸爸是禁不住这一套的,马上乖乖就范:"好吧好吧,说好了就一颗。"

当妈妈对女儿发飙的时候,S特质的爸爸就是女儿的"避难所"。

DISC 向前一步走,孩子爸爸的反思:

自己要保持和孩子温馨和谐地相处,同时在该遵循原则的时候,不能轻易违反亲子间的约定和规则,要做到和善而坚定。

女儿还小,有时候行为风格偏I,有的时候行为风格偏S。所以,只要有时间,我都会陪陪她,我在做家务,就鼓励她参与其中,让她当个小助手。同时,我还鼓励她多参加活动,多表现自己,不要限制她的想法。感觉女儿现在更喜欢我了。

C 特质家长:规则不再是束缚

C 特质的妈妈有三个孩子,一对双胞胎男孩和一个女孩。她希望生活井井有条,也希望孩子们能够遵守规则。可是现实生活却常常让她很懊恼,每一天,除了睡觉,自己不是在崩溃的边缘就是已经崩溃。

有一次家里来了客人,三个小朋友总是不停地过来捣乱,于是她很生气,很严肃地大声说:"大人说话,小孩不要插嘴!"

结果呢,三个孩子表现各不相同。

双胞胎哥哥很听话,马上闭嘴,老实地坐在一边。妈妈看他这样还有点愧疚,觉得自己有点严厉。

双胞胎弟弟很懊恼地说:"真是没劲!"然后不停地把皮球往门上扔,家里更吵了,妈妈想批评他,但是碍于客人在场,只好憋着。

而小妹妹的反应则是:"为什么你能说话,却不让我说话?"

三个孩子,对妈妈同一句话的反应完全不同。学习了 DISC 理论以后,妈妈了解到双胞胎哥哥较多呈现的是 S 特质,弟弟较多呈现的是 I 特质,而妹妹较多呈现的是 D 特质。

所以，S特质的哥哥是最让她省心的，父母不让做的事情，基本能够马上就停止，甚至不需要家长解释为什么；而I特质的弟弟喜欢热闹，有人的地方就是他的舞台，要是不让他说话，他憋得难受。所以，他会抗议：这样太没意思了！D特质的女儿，虽然年龄最小，但是她就像个小大人，任何时候都需要控制权，即使很小的时候都会经常用说"不"来挑战父母的权威。妈妈不让大家捣乱，她第一时间想到的是争取自己的发言权：为什么你可以说，我却不可以说？

一家三个孩子三种行为特质，对于家长来说，是很不容易的，因为每一个孩子都不一样，对于哥哥有用的方法，对于弟弟、妹妹未必奏效。

DISC向前一步走，孩子妈妈的反思：

下次家里来客人的时候，我可以让S特质的哥哥帮妈妈招待客人，端水果、拿零食；让I特质的弟弟表演一下自己的拿手好戏；对于D特质的妹妹，可以在客人到来之前，请她帮忙做一些决定，比如吃什么水果、喝什么饮料等，还可以请她帮忙带客人就座。在客人到来的时候，还要不失时机地告诉客人，这一切都是妹妹安排的。

我摸索到了与三个孩子交流的秘诀，并且能做出一定的规定，为亲子关系开了一扇窗。

给DISC家长的温馨提示

化控制为尊重支持

长袖善舞当有时

规则不再是束缚

温和有爱宜适度

DISC 为关系赋能插上翅膀

家不是讲道理的地方,是表达爱的地方。掌握了 DISC,我们就有能力用孩子接受的方式来让家变得更有爱,让家人在增进亲子关系的过程中相互赋能。

以下两个家庭的故事,让我看到了坚持做亲子关系赋能教育的价值。

Michelle 家庭

较多使用 D 特质的先生,是家里的指挥官,有着不可侵犯的威严;同时他又有着 C 特质,原则性很强,说一不二。他和孩子的沟通是有距离感的,基本上只说事,没有什么共情。孩子小的时候,基本属于服从状态。随着孩子长大,就明显地感觉到孩子内在的抗议。

我的 C 特质最高,做事循规蹈矩,可以说有点死板,而且凡事追求完美,眼里容不下沙子,很在意细节;对自己和孩子的要求都很高,常常给自己和家人带来压力,有时候也会为自己而伤神。

儿子是典型的 I 特质,有感染力,擅长调动气氛;喜欢上舞台展示自己,踊跃参加各种活动,虽然失败后会很受挫,有点一蹶不振;课堂上很活跃,会说一些题外话来引起别人的关注。儿子小时候给人的感觉是特别活泼可爱,思维敏捷,讨人欢喜;长大后却常常因此让老师觉得他喜欢扰乱课堂秩序。

女儿偏向 S 特质,很能迁就人,从小是个乖乖女,做事细心,讲究条理;能力特别强,分配给她的任务都能完成,有时请她为哥哥收拾一下房间,她嘴里表示不情愿,但最终都会帮忙整理好;她很在意别人的看法,别人说什么都很当真,包括对她的批评;很敏感,泪点低。长大以后,她也开始有自己的想法,也会有不赞同的时候,但不会直接说"不"。

学习 DISC 以后,我最大的感受是:认同和接纳孩子,而最有效的认同,就是先让孩子认同自己,也就是价值感的体现。

新冠肺炎疫情期间,孩子天天过着饭来张口的生活,甚至是饭做好后,还要三番五次地去请。最终的结果是:我做得累,还一肚子的火,而孩子也不高兴,吃完饭就关上房门,家庭气氛很紧张。

这个暑假,我必须要扭转这个局面。于是一放假,我就给孩子布置了一道生活作业——做午饭。既给予了 I 特质的哥哥舞台,又让 S 特质的妹妹产生照顾家人的成就感。

一天,我对孩子们说:"你们放暑假了,但妈妈的工作没有暑假,平时妈妈抽空可以照顾你们,现在你们有空,是不是也可以照顾一下爸爸妈妈?我和爸爸天天中午吃快餐,都吃腻了,如果能有家常菜吃就好了。可否请我们家的小大厨一展身手,为我们解决温饱问题?哥哥掌厨,妹妹打下手?"

孩子们居然没有异议,并且真的合力做好了午餐,品相虽然一般,但味道非常不错。事后我告诉孩子,平时在公司叫外卖,爸爸每次都吃不完,但是今天中午送给爸爸的饭菜,爸爸全部都吃光了。此时,我看到儿子的眼里微微泛光。

接下来的第二天、第三天……我们每天都有可口的午餐。女儿告诉我,哥哥每做一个菜,都要上网搜菜谱,照着上面做;儿子说,他终于知道,原来大厨做菜不仅仅是加几种佐料……

此时此刻,你们能明白我的心情吗?我吃的不仅是午饭,而是幸福!孩子们在做午饭这件事情上,找到了自己的价值,厨房成了他们的人生舞台之一。

蓝鸟家庭

我使用较多的是 C 特质,习惯先自己想好再和家人商量,而且我会很坚持我的想法,他人意见不太能听得进去。

我先生较多使用的是 I 特质,在我看来,他太自来熟,和别人热络过头。

大儿子 5 岁,I 特质突出。他和熟悉的朋友玩起来的时候很疯。我觉得吃不消,很想控制他,不要那么闹腾。当家人商量事情的时候,他喜欢插话,表达自己的意见。如果我们不同意他的意见,他会强烈抗议并表现出不愿意配合的态度。当家人一起外出时,他喜欢给大家安排座位,提醒大家带上东西,这个时候又表现出 C 特质,而且对于不熟悉的环境,他要观察好一会才能融入。

小儿子 1 岁多,目前看来,目标很明确,为达到目标,会马上用叫、指、推着大人等方法指挥大人帮助他,D 特质比较明显。他还太小,可塑性很强。

学习了 DISC 以后,我开始放下,放下自己的固执,放下对先生和孩子们的偏见。

过去,我看不惯先生的活泼,觉得有些幼稚。现在我意识到,自己在人际交往上很被动,而他在人际交往上比我有优势,正好弥补了我的缺点。所以他在家时,我就鼓励他带孩子玩。他也喜欢扮演孩子王的角色,还会叫上邻居的孩子一起玩。大儿子原来比较怕生,现在变得越来越活泼了。

大儿子喜欢管事,现在去超市前,我都会事先和他商量要买什么,并请他提醒我。他做得很好,每次提醒我后,我都表示感谢,他觉得自己很厉害。有时候去游乐场玩,我都会叫上他的朋友一起,他们在玩的时候,我就可以解放了。

我发现,当我在给家人赋能的时候,其实也是自我赋能的开始。有什么比从自己内在生长出力量更加重要呢?

以上两个故事,我用第一人称来写,希望大家能感同身受。每次看到人们因为 DISC 迈出了自我赋能的第一步,开始尝试用行动去影响生活,我的内心就充满了深深的感恩,正是 DISC 让更多家庭、更多孩子都有机会遇见更好的世界,让每一个生命都有了解决问题的勇气和底气,让每个人的人生多了 N 种可能!

每个孩子都有不同的特质,请让他适才、适性、适所地发挥,并给予他尊重和肯定。请相信:懂是最好的爱,并且可以让爱流动起来。

邹语今

DISC国际双证班第85期毕业生

国际学校高一学生

快乐成长
——探索无忧的青春年华

也许你没留意,你也许不相信,
有多少人羡慕你,羡慕你年轻,
这世界属于你,只因为你年轻。

这是著名音乐人侯德健作词作曲、歌手程琳演唱的歌曲《趁你还年轻》。是的,因为还年轻,我有让人羡慕的无忧的青春。

然而,更让我值得骄傲的是,2019年,妈妈送给我一份生日礼物,让我去参加了李海峰老师的DISC国际双证班。还在读高中的我,就有机会和很多哥哥姐姐、叔叔阿姨们一起学习,掌握了与不同行为风格的人有效沟通的技巧,让我在更了解自己的同时,还能与父母、老师和同学有更好的交流互动。在成长的过程中,我葆有青春的快乐。

利用语言技巧,与长辈愉快沟通

在学校,我们需要面对老师;在家里,我们需要面对家长。他们都是我们的长辈。

说真的,可以和长辈正常交流的孩子占少数,要说能和长辈愉快沟通的,怕是更少了。我曾在五所学校就读,还参加过不少兴趣班,我发现我的大多数同学还在和长辈做着"顽强的抵抗斗争"。

比如有一天,因为考试成绩很好,取得进步,我的一位同学决定和父亲沟通手机的使用权问题,哪怕增加点玩手机的时间也好。他可能会用"摆事实、讲道理"的方式来分析利弊,然而,最后可能还是会被父亲拒绝。

扪心自问,这个时候,我们是不是经常有"他怎么就不理解我呢"的感慨?

我们总说长辈不懂我们,长辈们也常说着我们太不懂事。其实,这并不是我们"懂事与否"、长辈"尊重与否"的问题,真正的问题在于沟通的方式。毫不夸张地说,有时候沟通方式远比沟通的内容更重要。

D 特质

我们的学术校长,是一位 D 特质很高的人。他是学校里的权威者。对于权威者,他需要被我们尊重,他不喜欢绕弯子,也不喜欢学生耍滑头,和他沟通要简单直接。

我们的教室在六楼。虽然有电梯,但只有老师可以乘坐,学生是不可以的。有一次周五放学,我和同学们抱着侥幸心理,偷偷坐了一次电梯。不巧,被学术校长抓了个正着。

见到他的第一眼,我就知道事情不对,于是我赶快道歉:"对不起,老师,我不应该这样的,我错了,下次不会再坐电梯了。"

学术校长意味深长地看了我一眼,便将眼神移到其他同学身上。可怜的他们没有如我这般应对。他们油嘴滑舌、强词夺理:"因为放学了,所以我们觉得可以乘电梯了……"等待他们的当然不是学术校长的原谅,而是劈头盖脸的一顿批评。

所以,和 D 特质的长辈绕弯子、争高低是一种十分不合适的选择,一定要直接、诚恳,当然尊重肯定是不可或缺的。

I 特质

有一位 I 特质非常高的老师,他给自己取了一个和 NBA 球星一样的名字:Jordan(乔丹)。

他常常会给我们分享他去美国留学的经历、故事,还有一些网络上流传的故事,但并不是为了娱乐,每次都会带有本节课所学的知识。

在一次课堂上,他问我们"番茄酱"的英文是什么?我们都非常肯定地回答:"tomato sauce."他用非常鄙视的眼神望了我们一眼,淡淡地说出一个词:"ketchup."那滑稽夸张的表情,引得我们哄堂大笑,但笑过后,我们就记下了这个单词,并且印象非常深刻。

和 I 特质的老师聊天可算是最简单的事了,可以像和朋友一样与他们交流。他们最反感的就是太过于拘束,这样会使他们感到不适和难受。

同时,千万不要忘记:一定要保持尊重!对于调皮的学生,I 特质的老师并不会过于生气,但是如果不尊重他,那就是另外一回事了。

S 特质

和 S 特质的老师相处一定要耐心、耐心、再耐心。

我们上体育课的操场听不见上课铃声。有一次体育课后,有两位同学在操场上没有注意时间,迟到了。接下来上课的是 S 特质的老师,老师耐心地问他们发生了什么,为什么会迟到。这两位同学反而情绪比较激动,还质问老师说:"没有听到上课铃声也是我们的错吗?"

不得不说,S 特质的老师还是很耐心的,非常体贴地安抚他们的情绪,还原谅了他们。

其实,S 特质的老师是非常愿意帮助学生的,也非常有同理心。所以,我们对待他们一定要有足够的耐心,控制住自己的情绪,才可以和他们有很好的沟通。

C 特质

曾经听过一个关于 C 特质的大学教授与学生沟通的故事。

有位学生报了这位教授的选修课,不巧的是,上课时间和他去打橄榄球冲突了。如果他去打橄榄球,就必须向教授申请调整课程时间。

他早就听闻这位教授以严格著称于校,不是那么平易近人。为了他的橄榄球,他还是决定和教授沟通一下。于是,他战战兢兢地来到教授面前,说:"教授,我想和您商量一件事,我想调整一下上课时间。"

教授放下手中的笔,抬起头来,看了看他,面无表情地问了一句:"能告诉我,你是怎么想的吗?你需要在我这里分析你做这个决定的原因,并且告诉我这个决定对你产生的利和弊。"

学生已经想放弃,因为他觉得教授这么讲应该是没有机会调整课程时间了,但出于对橄榄球的渴望,他鼓起勇气向教授解释了为什么会有这个想法。正当他等待教授否决时,教授却说了一句:"Good, I'm glad to see you have your own ideas not just follow others, If you think it is right, it is right. Just do it."

这就是 C 特质高的人的思考方式。他们不会有很热情的回应,但喜欢分析问题。和他们交流,要说出自己的想法和做决定的原因,要详细且周全,逻辑严密,绝不可让他们觉得你是在做一个鲁莽的决定。

与长辈的沟通,与和老师沟通挺像的,最基本的一点就是:尊重。如果没有基本的尊重,一切都是空谈。

在与老师发生冲突的时候,我们可能抱怨一下:"哎呀,老师对我一点都不好。"但是,面对长辈时,并不是抱怨一下就能释放情绪、解决问题的,更多是要理解长辈们的用心良苦,毕竟他们都对我们抱有美好的期待。

面对 D、I 特质比较高的长辈,我们要理解他们反应迅速和急躁背后的真正动机,是希望我们变得更好,更优秀。我妈妈就是高 D 特质,如果我某方面做得欠佳,她就会"显得"非常生气,用严肃的口吻来提醒我。虽然有时候我会觉得很不舒服,但是心里明白她是出于关心才会向我"发火"。她是一个公司的高级管理者。我偶尔也会去她上班的地方,我发现有些员工西装没穿整齐,她都会说两句。我明白:D

特质的人会更关注他们在乎的人,如果是他们不在乎的人,他们根本不会在百忙之中花时间在对方身上。

和 C、S 特质比较高的长辈交流,要明确的一点:一定要耐心地把他们的话听完。C 特质的人是善于分析的,S 特质的人是乐于助人的,如果 C 和 S 特质都比较高的人,他们会耐心、详细地讲述自己的想法和观点。当他们想提供建议时,往往会长篇大论,有时候很考验我们的耐心。但我们都应清楚,每个人的时间都是宝贵的,如果他们不关心我们,为什么会花那么多的时间在我们身上呢?

发挥不同优势,在班委中展示自己

一个班集体中,总有些同学可以成为班委。不同行为风格的同学,可以发挥自己的优势,在班集体中展示自己,也让自己更多地认识自己的优势与劣势。班委的不同职位,常常要求担任者具备一定的特质。

D 特质

很多同学可能会觉得,D 特质的同学就是当班长的料,其实还有一个职位更适合他们大展拳脚,那就是"学生会主席"。

我身边有位同学,可真是相当霸气。一次,我们聊起星座的话题,他说:"虽然我是天蝎座,但我和其他人不一样。我是要做老大的人,你不听也要听,我就是要当 boss!"这种领导者的气势,言语间展现无遗。

他成功当选学生会主席后,从一个不太遵守规则的"调皮鬼"华丽变身成为一个遵章守纪的好学生。老师不在的时候,他总能把自习课管理得井井有条,教室里鸦雀无声,对任何"不和谐"声音,他总能用一句"反对无效,闭嘴"搞定。那一刻,D 特质表现得淋漓尽致。

I 特质

在一个班集体中,如果没有 I 特质的学生,那将是一件多么无趣的事情。

2020 年 8 月,我告别了初中时代,来到了一个新的集体。炎热的南京,陌生的环境,我和所有同学一样,谁都不认识谁(个别初中就在一起的幸运儿除外)。首先迎接我们的是令人难忘的军训。

在一次军训中间休息时,教官大声问:"谁来表演个节目,给其他营秀一秀?"这时候,教官呈现出来的是标准的 I 特质:乐于展示自己,成为人群中的焦点,一有机会就和大家打成一片。

这时,小华同学站了起来,高声喊道:"教官来一个!"

虽然教官"表演"了如何完成标准的俯卧撑(还是我们一起做的),但是大家都记住了小华同学。

后来,小华同学又干了一件惊天动地的事,这件事奠定了他在班级中的地位——班长。那么到底发生了什么?

　　第二天上午,小华同学带领全班同学"挑战"了总教官。他在操场上高声呐喊:"我说总教官,给我们表演一个呗!"很快,"来一个,来一个"的喊声此起彼伏。不出诸位所料,"起义"很快被"镇压"。

　　就这样结束了吗?并没有。小华同学紧接着又做了一个决定:在操场上拿着麦克风给所有同学来了一段rap!全校的人都欣赏到了这段热情四射的表演。

　　我们回过头来看看小华同学的事迹:在陌生的环境中,展示自己的才艺,成功成为"焦点"并利用"焦点"的能量去组织影响更多的同学,制造更大的"话题"。他充分地向我们展示了I特质和D特质,成功地让自己在年级中无人不知,无人不晓。

　　高I特质的人非常享受"万人关注"的状态,会用自己的方式去调动身边的人。相对其他特质的人,他们更能迅速适应陌生的环境,在班委选举时,多半会被选为班长。这倒并不是说只有I特质的人适合当领导,其实每个人都可以做领导,只是I特质的人相对更容易被陌生人接受。

S 特质

S 特质的卫生/劳动委员往往是班级的标配。他们是最乐意为集体付出的人，常常抱着"万一他们太累了怎么办"的心态去帮助别人。有这样的人在身边，瞬间就觉得生活变美好了。

在我的印象中，他们永远是最辛苦的班委。小明同学就是这样一个善良的劳动委员。有些同学利用小明同学的 S 特质进行道德绑架，要求其完成本应是他们的任务，比如打扫卫生。小明同学开始并没有拒绝，等到实在负担不起想拒绝的时候，反而被怨恨和非难。

S 特质的人需要大家的保护、理解、关心，他们是如此善良和天真。

C 特质

在 C 特质同学冷酷的外表下，有一颗永远不能停止思考的大脑。如果参加班委竞选,他们常常是最不主动的人。因为他们常常思考:我要不要去争取?我真的能胜任吗?如果竞选成功了,我要怎样做……

当然也有一种可能,那便是被老师指定为纪律委员或学习委员。纪律委员每时每刻都在"观察"全班同学,他的记录可以精准到几点几分、谁和谁讲了几分钟话、做了什么小动作。任何一个打算狡辩的被罚者面对如此细致精确的记录,怕也是要铩羽而归了吧。

学习他人所长,与同学共同成长

在学校期间里,与同学们的相处往往是最重要的一个部分。良好的人际关系可以营造一个好的环境,让大家都拥有好的心情,这对学习无疑是大有益处的。

D、I、S、C 这四种不同的行为风格,都有其优势和挑战。如果能学习他人所长,与同学共同成长,就能建立良好的人际关系。

D 特质

D 特质的学生会主席,果断、直接、不拖泥带水,关注目标,不太关注细节。他可以找一位 C 特质的朋友,倾听一下朋友的冷静分析,进行判断后再行动,避免冲动,或许能减少一些因过快决策而带来的错误。他还要找一位 S 特质的朋友,学习关注别人的想法与行为方式,才能得到更多同学的支持。

我有一位 D 特质的朋友,经常意气用事,从不多想,最后结果往往并不是那么乐观。比如,他和别人发生了矛盾或者冲突,常常是因为他的表达方式过于直接而让对方感觉很不舒服。渐渐地,同学们开始不认同他并且疏远他。他自己也处在一个并不是那么开心的状态,学习成绩也有所下滑。发现了他的困扰后,我建议他调整他过于武断的行为风格。在之后的学习、生活中,他的人际关系得到了改善,和同学的关系也越来越好。

I 特质

I 特质的班长是一个"人来疯",可以活跃气氛,也可以调动大家营造出一个欢快愉快的氛围,有时候会因为没把握好分寸使得老师不得不提醒他,甚至批评他。因为过多地活跃气氛,对上课来说并不一定是一件好事情。

他可以找一个 C 特质的朋友,因为 C 特质的人更冷静,注意分寸,同时关注事情的细节,做事情更有条理。

S 特质

S 特质的劳动委员,善良、有耐心、乐于助人,不愿意与他人发生冲突,处处隐忍，不愿意让别人感受到不愉快，最难的就是说"不"。

他可以找一位 D 特质的朋友，帮助自己变得更勇敢和果断。有这样的朋友在，S 特质的劳动委员的生活会轻松很多，还可以避免很多不必要的麻烦，也不会妨碍他为同学服务的本心。

每当有人想欺负他时，D 特质的朋友都会挺身而出："喂，你们凭什么要这样？"那些同学听到这样直接的怒吼可能都会不敢再犯。D 特质的朋友很仗义，帮助别人，会让他很有成就感。

C 特质

C 特质的学习委员，讲究原则，让人感觉没有人情味；他会因为担心说错话而不和别人交流，担心做错事而拖延行动；他喜欢静观大局，不断分析，试图做出一个自认为最适合的决定再行动。

他可以找一位 I 特质的朋友，这有助于他迅速融入集体，成为集体的一分子。我就是一个 C 特质很高的人，军训的时候和 I 特质高的小华成了好朋友。他是全场的焦点，而我在他身边也很快融入了集体，交了许多朋友。和他在一起，我可以变得随意一些，不会太拘谨；跟着他的节奏走，他也会很开心。

我们每个人都是不一样的，每个人都有自己的优势，我们可以相互取长补短，成人达己。我们在帮助别人的时候，何尝不是在完善自己？互帮互助，使自己和朋友更加优秀。

全面发展特质，成就更好的自己

学习 DISC 有三个前提，其中一个是：每个人都有 D、I、S、C 四种特质，只是比例不一样而已。如果我们想成就更好的自己，就要在需要的时候，能随时调用 D、I、

S、C 四种特质。

体育运动往往能体现一个人的行为特质，所以参加体育运动是一个非常好的方法。

我是一个 C 特质很高的人，所以，我常常会在选择前做大量的分析。这样的分析，有些时候很有用，但有时候就会成为我的负担，一不留神就让机会溜走了。于是我去学习了击剑。击剑运动，是一种需要果断做出判断然后出击的运动。慢慢地，我学会了果断，在不同的场合中，灵活运用 D 特质去把握机会，而不是一味地思考和判断。

打篮球是我的另一个爱好。我热爱打篮球，并不仅仅是因为可以玩和锻炼，更多的是因为可以和我喜欢的朋友们一起挥洒汗水，融入集体。因为篮球是一种讲求团队合作的运动，运动过程中需要和队友交流相处，这是提高 I 特质的一个好方法。

此外，如果想提升 C 特质，可以学下棋。下象棋，要求每走一步都经过仔细思考。我觉得围棋比象棋更难，因为围棋需要思考整体局势，还要斟酌每处细节。这对锻炼逻辑思维是非常有帮助的。

如果要提升 S 特质，仿佛没有什么特别的方法。提升 S 特质就是做到待人友善、乐于助人，多从对方的角度出发思考问题。

通过学习 DISC 理论，我发现世上没有完美的人。没有人生来就勇决断、会沟通、能共情、擅思考，但我们可以通过学习 DISC 理论，探索让自己变得更好的途径，拥有一段无忧的青春，成就更好的自己。

第二章

让职场更温暖

管奇

DISC国际双证班第63期毕业生

资深职业培训师

《共情领导力》作者

国家高级人力资源师

扫码加好友

共情领导
——做个懂员工的好上司

我经常会听到管理者这样评论新生代员工:"现在的'95后'员工太难管了,喜欢自由,做事不顾后果、完全不靠谱。"也听到新生代员工这样议论自己的上级:"我们的领导完全不近人情,每天就知道要业绩;其实我也想做业绩呀,现在的市场真的难做,不是没办法吗!我们的领导完全不懂我。"

其实这种情况不仅出现在管理者与新生代员工之间,也出现在管理者与老员工之间。这都是由于双方缺乏共情能力,不懂得换位思考导致的。普通的管理者用自己的方式走进员工的心,而优秀的管理者懂得用对方的方式走进员工的心。

什么是共情

共情,就是同理心,又叫换位思考、移情,是指站在对方立场设身处地思考的一种方式。它要求,与人交往的过程中,能够体会他人的情绪和想法,理解他人的立场和感受,并站在他人的角度思考和处理问题。

共情力是一种高情商,更是一种有效的领导力。它可以运用于我们工作、生活的多个维度中。没有共情,每个人都生活得像一座孤岛,那将是多么可悲。只有将心比心,掌握共情的力量,才能在与人交往中,使人如沐春风。

在管理中运用共情的技巧，才能让员工感觉到：你很懂他，从而形成良性互动；在产品设计时运用共情技巧，才能设计出让用户产生共鸣、叫好的产品；在处理自我情绪与他人情绪时，运用共情技巧，才能有效化解不良的情绪、进行自我激励；在团队引领中，运用共情技巧才能共启愿景，团结队员。

只要涉及人与人之间的关系就得靠同理心，而领导力也是要处理人与人之间的关系，没有同理心就是巧妇难为无米之炊，领导力的"米"就是共情，也就是同理心。同理心是微软新CEO萨蒂亚·纳德拉领导力的独家心法。

萨蒂亚·纳德拉是微软的第三任CEO，他在上任几年中，带领微软完成了巨大的转型，微软的市值从2000多亿达到7000多亿，甚至很多业内人士预测，未来微软有可能重回第一的位置。

萨蒂亚·纳德拉接任CEO后，除了推动微软这部"臃肿的机器"进行战略转型，最重要的是他"刷新"了微软的文化。他刚上任不久，就在公司内部向所有高管推荐马歇尔·卢森堡的《非暴力沟通》一书。《非暴力沟通》认为：在交流过程中，通过专注于自己和他人的感受和需要，可以减少争辩和对抗，培育彼此的尊重与爱。这样，通过建立双方的感情联系并促进理解，矛盾就能以非暴力的方式得以解决。

在萨蒂亚·纳德拉上任之前，微软内部企业内斗和各自为政的文化已经非常严重，内部高管说：微软早期的文化是倡导"建设性冲突"，但后来，"冲突性"过多，少有建设性。而萨蒂亚·纳德拉改变了这一切，他的方法相当温和。在绩效管理中，他要求员工不仅写明个人对团队的贡献，还要呈现对他人及其他团队提供的价值；他相信人类天生就有同理心，共情不仅能创造和谐的工作环境，也能帮助微软制造能够引起用户共鸣的产品。

萨蒂亚·纳德拉的成功在于，他不止关注商业战略，还善于运用同理心提升组织文化，实现弯道超车。他把共情运用到多个维度：微软的产品、组织、团队、未来的发展方向。

萨蒂亚·纳德拉认为要想制造出引起客户共鸣的产品，需要保持好奇心和对客户的同理心，用不断革新的技术去满足客户潜在的需求；他还特别强调每个人尤其是团队中的领导者要有同理心，因为，在他看来，这是未来的科技产品的趋势，比如人工智能。

因此萨蒂亚·纳德拉认为，未来的微软应该运用共情实现突破。它既是一种产品思维，也是一种管理思维，更是微软面对未来的整体方向。

共情领导者的六项修炼

彼得·德鲁克认为，管理的本质是激发人性的善意。的确，个人和组织的"潜能"都需要用一种合理的管理模式来"激发"，管理者与员工共情，然后才能与员工共舞，进而与员工共同进步。

共情领导力给领导者提供了一个全新的视野：通过同理心与员工建立更好的联系，通过有效的情感表达形成默契的协作关系，与员工共同应对复杂多变的商业环境，用创造力形成新的局面，带领团队创造更高的业绩。

共情领导力是一种新型的领导艺术，它要求管理者从传统的"管控式"管理模式向"赋能式"管理模式转变，走进员工的内心，陪伴员工的成长。而从一个传统的管理者向共情领导者转变，需要完成六项基本能力的修炼。

积极的倾听

积极的倾听是建立共情领导力的基础，也是管理者跟员工建立伙伴式关系的前提。

作为管理者，积极倾听员工的心声，可以激发员工的主动性与创造性——员工感受到尊重，他们才会真正信任你，才有动力去表达，并呈现智慧。

管理者的倾听能力提升一般分为三个阶段，又称为三层次倾听技术。

第一阶段为"以自我为中心的倾听"，即管理者喜欢站在自己的立场和观点来进行判断，按照自己的意愿来倾听。作为管理者，如果长期与员工以这种方式来沟通，就很难与员工之间建立真正平等的信任关系。

第二阶段是"以对方为中心的倾听",即管理者在倾听时,会把关注点放在对方的身上,会根据对方的语言、态度及语气语调等做出回应,进行互动性交流,这有利于在上下级之间建立亲密与信任的关系。

第三阶段是"3F"倾听,3F 由事实(fact)、感受(feel)、意图(focus)三个词语的首字母组成,即作为管理者在与员工沟通时,应积极倾听下属的表达,真正理解他们的感受、意图,做一个更懂员工的管理者,这将是管理者与员工建立深度信任关系的基础。

同理心

同理心可以理解为"设身处地""感情移入""共感",泛指心理换位、将心比心、设身处地地觉知、把握和理解他人的情绪和情感,主要体现在情绪自控、换位思考、倾听能力以及表达尊重等方面。

当管理者以同理心与员工交流时,能够迅速与员工产生共鸣,员工自然也会打开心扉,说出真正的需求。"将心比心""换位思考"运用在管理工作中,能让员工感受到莫大的尊重与信任,从而产生凝聚力、向心力,这也是管理者的核心能力。

"视卒如婴儿,故可与之赴深溪;视卒如爱子,故可以与之俱死。"意思是说,对待士卒像婴儿,士卒就可以和他一起去跳激流深谷;对待士卒像爱子,士卒可以和他一起去战场赴死。也就是说,将帅对士兵投入的感情越深,士兵回报将帅的感情愈烈,因此有企业家说:关爱员工是最好的投资。

作为一名管理者,下属表现不好时应该如何回应?传统的做法是训斥,或者给予员工处罚,实际上这种做法带来的效果并不明显。有些管理者会采用另外的回应方式,比如同理心和好奇心,这并不是表示管理者不愤怒,而是他们可以避免评判,并利用这个机会教导员工。

研究表明,管理者的回应越具有同理心,带来的利益也越大,同理心和好奇心可以增加下属对上级的信任和忠诚。

建立信任

建立信任是共情领导者的关键能力之一,这里说的"信任"包括:管理者对员工的信任和员工对管理者的信任,它是双向的。

首先,作为管理者要充分信任下属,要相信每一个下属都是优秀的,他们都具备完成工作的一切资源。基于这一点,管理者的管理方式应更多地从刚性的管控式向柔性的赋能式转变,重视员工的力量与发挥员工的潜能,多信任下属,支持下属的成长,让他们在擅长的领域充分发挥作用。

其次,作为管理者要保持正直、诚信与责任担当,以身作则,做好员工的榜样。据调查显示,企业员工离职60%以上与直接上级有关,包括上级对下属的认同、尊重、公平待遇与管理风格等。当管理者保持正直与诚信,并且用自己的行动与责任担当向员工展示与证明自己说的话的时候,管理者就能够增强与员工之间的信任关系。"诚则信矣,信则诚矣。"诚信是做人的基本原则,更是管理者的基本原则。管理者言行举止的统一性很大程度上影响着下属对他的看法,管理者只有讲自己所做、做自己所讲,才能让员工心服口服。从某种意义上来说,诚信就是管理者坚守自己的承诺。

最后,责任担当意识是管理干部的第一职业素养要求,也是赢得广大员工认同与信任的核心要素。彼得·德鲁克说:"领导力不是头衔、特权、职位或者是金钱。领导力是责任。"下属不会看领导者怎么说,更看重领导者怎么做。作为领导者,要以身作则,勇于担当。拥有权力的同时,更是需要承担更大的责任。哈佛大学教授戴维·麦克利兰说过:"管理就是一场影响力的游戏,真正优秀的管理者不仅要考虑到员工的需求,更重要的是影响员工的想法和行为。"想对员工产生积极影响,管理者就要从改变自己开始。

帮助员工创建自我觉察

世界上有两件事最难:一件是改变自己;另一件是改变别人。经过无数次的实践证明，没有人可以改变另一个人，除非他自己决定改变。因此，管理者不要奢求以讲道理的方式让员工发生改变，因为那很难且没有效果。而通过帮助员工创建自我觉察，让员工由内而外地改变，是管理者共情领导力的核心技巧。

自我觉察是员工在受到管理教导、启发之后愿意积极探索行动方案，发现新的可能性，并且最终采取行动的重要因素之一。自我觉察是一种提供选择的工具，它也意味着改变的可能性。一旦员工有了觉察，在某种程度上，他们已经在思想上、行动上做好了改变的准备。

唐伯虎是明朝著名的画家和文学家，小时候就在画画方面显示出超人的才华。唐伯虎拜在大画家沈周门下，学习自然更加刻苦勤奋，绘画技巧掌握得很快，深受沈周的称赞。不久，沈周的称赞，使一向谦虚的唐伯虎也逐渐产生了自傲的情绪，沈周看在眼里，记在心里。一次吃饭，沈周让唐伯虎去开窗户，唐伯虎发现自己手边的窗户上竟有自己老师沈周的一幅画，唐伯虎非常惭愧，从此潜心学画，终成一代传奇。

有效的管理跟进

彼得·德鲁克认为管理者的主要工作有两项：第一，为团队制定目标；第二，带领并辅导团队成员去完成这个目标。也就是说，管理者的主要工作有两项：第一是达成组织业绩，第二是促进员工成长。只有员工不断成长才能更高效地完成既定目标。

有效的管理跟进不仅是确保目标达成的有力手段，更是促进员工成长的有力手段。从本质上说，管理是一种以取得结果为导向的职业，其评价的标准就是目标和任务的完成程度。管理者通过目标责任制、绩效考核与有效的教练辅导来对员工的工作进行有效的跟进与促进。

首先，管理者要为团队每个成员制定明确的目标，千斤重担大家挑，人人身上有指标，要打破"搭便车"与"吃大锅饭"的现象；在清晰每个成员目标的基础上，帮助员工形成有效的工作计划，并尽量为员工协调工作所需的资源与塑造有利的环境；同时加强过程的监督，越是重要的工作越是要加强监督检查，只有好的过程才能产生好的结果。

其次,管理者要利用好绩效考核机制,通过将员工的工作业绩进行量化考核,从而进行奖勤罚懒,并将员工的绩效考核与其绩效奖金挂钩。通过绩效考核引导员工的工作方向,通过绩效奖金促进员工为目标而奋斗。

最后,管理者要加强对员工的教练辅导工作。所谓教练,即致力于帮助被教练者获得未来,是一种有动力的对话过程,不直接提供建议和答案,大部分时间只提出问题,帮助被教练者反思、觉察自己,找到答案。教练与被教练者是一种伙伴关系,教练通过发人深思和富有创造性的对话,最大限度地激发个人的天赋和职业潜能。教练的本质是"勿代马走,使尽其力;勿代鸟飞,使弊其翼"。在职场中,管理者充当员工成长的教练,不是包办员工的一切工作,而是帮助其提升能力,丰满"羽毛",让其自行选择与成长。

有效的员工情绪管理

从管理心理学的角度来看,情绪影响人,而人影响绩效。及时管理与引导好员工的情绪,也是新型管理者的一项基本任务。管理者可通过共情管理、导泄、积极暗示三种方式来有效管理员工的情绪。

共情管理是指用同理心去理解员工的心情和处境,不以嘲笑、讥讽的方式去跟员工沟通。但注意:在与情绪较差的员工使用共情沟通时,不要使自己也陷入跟员工一样的负面情绪,这样会给自己带来负面的压力。

导泄是指在辨别对方的思维及情绪的基础上,邀请对方重新回顾、反思曾经的体验,让员工的坏情绪得到释放。

积极暗示能使员工增加力量、信心、能力,并获得快乐。有一种说法叫"积极心理学",每个人都有好的情绪和坏的情绪,学者们建议大家掌握这个比例,最好是3:1,即好情绪是坏情绪的3倍,鼓励员工多接触积极的人、积极的观念和积极的事情。

活用 DISC，完成共情领导者的自我修炼

共情的核心是走进对方的心里，换位思考，将心比心。活用 DISC 理论可让管理者更好地了解员工，让员工更好地了解自己的领导；让管理者与员工在同频率的基础上，以优美的姿态共舞。

不同行为风格的管理者有不同的管理优劣势，俗话说："知人者智，自知者明。"在管理别人之前，管理者应先了解自己，完善自己。

D 特质指挥者

D 特质管理者目标感强，行动迅速，办事果断、坚决，善于掌握局面；做事雷厉风行，让人感到强势有力；他是一个有力的掌控者，当他感到事情失控时，容易变得脾气暴躁、不耐烦。

对 D 特质管理者来说,目标与结果是放在第一位的,他们做事说话直截了当,不喜欢拐弯抹角。

D 特质管理者往往不太容易耐着性子静下心来倾听员工的心声,容易以自己的想法去评判别人,或容易以自己的观点去打断别人。

如果你是 D 特质管理者,你需要进一步修炼同理心与自我觉察。当你学着去理解与体会下属时、静下心来认真倾听下属的心声时,你会有不一样的收获,会有更多的下属喜欢你、尊重你。

I 特质影响者

I 特质管理者天生性格外向,擅长表达、社交,友善开朗,极具感染力与影响力,会讲故事。I 特质管理者往往会给团队描绘愿景,营造气氛。

但 I 特质管理者也有比较明显的不足:比较要面子,渴望被别人肯定与关注;做事不坚决,有时候他们显得有些情绪化,热情有余但耐心不足。

如果你是 I 特质管理者,请及时将工作目标对外公布,接受上级领导及同事的监督;同时,在工作中要培养自己做事的耐心,学会克制自己的情绪,尽量稳重与理性。

S 特质支持者

S 特质管理者做事耐心细致,情绪平稳、状态稳健,是很好的支持者;他们行动偏慢,做事情相对保守,强调规避风险;富有共情能力,懂得以心换心,因而比较受员工的喜爱。但 S 特质管理者做决策时偏慢,有时犹豫不决,容易错失良机。

如果你是 S 特质管理者,请勇敢一点,做事果断一点,提升自己在工作中的魄力。多向 D 特质管理者学习做事的掌控力与爆发力;多向 I 特质管理者学习表达力,学会多在公众场合发表意见,多与团队成员沟通。

C 特质思考者

C 特质管理者做事认真细致，注重规则和程序，是喜欢讲道理的一类人。他们在做决定和采取行动时，显得相对谨慎和迟缓。

物极必反，过于重视细节和程序也可能陷入另外一种极端，显得有些琐碎、严苛、不近人情，不太容易从员工的角度来思考问题与沟通。面对这样的管理者，下属往往感觉压力大。

如果你是 C 特质管理者，请向 S 特质管理者学习亲和力与同理心，学会多从员工的角度去思考问题，多站在员工的角度去与之沟通，倾听员工的心声；同时，由于 C 特质管理者不太爱表扬下属，总认为下属把事做好是应该的，下属容易觉得你不近人情。因此，C 特质管理者应向 I 特质管理者学习及时表达，学会及时肯定、表扬员工。

DISC + 共情能力，助力管理者高效管理员工

共情强调换位思考、以心换心，而 DISC 是帮助我们了解员工、走进员工内心的有力武器，DISC + 共情能力，让管理者更懂员工的心，助力广大管理者高效管理下属，陪伴下属成长。

D 特质员工：渴望尊重与信任

D 特质员工做事行动迅速、雷厉风行、执行力强，他们眼里只有目标、只有成功。他们渴望被尊重与被充分信任，喜欢有挑战性的工作，他们很清楚自己想要什么。但他们有时显得独断专行、我行我素，不太好约束。

作为管理者,对于这类员工的管理方式是:宜多采用授权、信任支持的方式,让其接受更有挑战性的工作,并要求对方立下军令状。平时多尊重与认同这类员工,给予其一定的工作空间。

对 D 特质员工我行我素的行为风格在原则范围内给予一定的理解,但也不能太放任,要对其进行一定的约束。

I 特质员工:渴望参与被欣赏

I 特质员工擅长社交,友善开朗,他们说话大大咧咧,不太容易记仇。他们在职场中更渴望参与团队活动并希望得到上级、同事更多的欣赏与赞美。他们喜欢美的东西,喜欢创新且有趣味性的生活。但他们有时做事相对马虎,缺乏耐心与持久力。

作为管理者,对于这类员工的管理方式是:多倾听他们的表达,多让他参与团队活动,并委以一定的职责;对于他们工作中的亮点要及时给予肯定与表扬;着重培养他们的耐心与恒心,最好为其派一个严谨细致的搭档。

S 特质员工:渴望理解与支持

S 特质员工做事行动慢,细致有耐心,是不错的支持者与执行者。但他们缺乏做事的果断,有时候显得犹豫不决;不太喜欢主动表达自己的想法,也不善于主动跟上级领导及时沟通。

作为管理者,对于这类员工的管理方式是:学会耐心倾听他们的心声,鼓励其多发表自己的意见;对于其做事犹豫的特点,有时宜采用"命令式""支持式"的方式让其开展工作,并加强对他们的监督。

C 特质员工:渴望公平与有秩序

C 特质员工做事严谨细致,讲究规则与秩序,重视数据与证据,善于从现象中挖掘深层次的规律。他们最渴望上级的公平公正,做事讲原则;他们做事喜欢实事求是、严谨、有秩序,害怕混乱。

作为管理者,对于这类员工的管理方式是:以公正性去说服他们,以专业性去征服他们。与他们沟通时,注意严谨高效,有理有据,观察他们的情绪变化,对他们做出的成绩及时地表示肯定。

作为新时代的管理者,外界的挑战越来越大,环境在变,客户在变,员工在变,但不变的是核心规律,不变的是初心。最好的管理是相互成就、相互陪伴成长。重视员工,尊重员工,与员工共情,与员工共舞,与员工共同进步,是新时代对管理者提出的新要求。

刘艳

DISC+讲师认证项目A5期毕业生

资深领导力讲师

情商教练

扫码加好友

经营人心
——好领导的情商管理之道

如果有一天人工智能必将代替人类的工作，至少有一项能力是最后被替代的，那就是情商。

耶鲁大学第 23 任校长彼得·沙洛维（Peter Salovey）对情商给出的定义是："情商是通过感知情感，应用和产生情感以辅助思考；理解各种情感及其意义，并对情感进行适当调整，以促进情感和理性共同成长的能力。"

人和人之间有温度的交流能力，复杂的情感运用和发展能力，是机器很难取代的。专业能力可以复制、模仿、超越，但是只有经历、智慧和修炼才可以将复杂的情感转化为情感智能。

在一项实验研究中，每三个被测试者组成一个团队，去完成一项复杂的任务。很自然地，三个人中总会有一个人脱颖而出，成为领导者。在任务结束后，团队的每位成员都要对小组的其他两位成员打分——他是不是一个成功领导者。结果显示，智商和情商被认为是一个成功领导者的必备能力，但是，情商的重要性几乎是智商的两倍。高情商，可以加固人际关系，从而更好地带领团队成员完成任务。

心理学博士鲁文·巴昂是世界上最早正式提出情商概念的人。1983 年，他基于自己多年临床心理治疗发现，聪明的人未必能取得成功，而成功的人未必是非常聪明的人。鲁文·巴昂博士于 1997 年推出了国际上非常有影响力的且最早被证明为可信性、有效性极高的，也是最早被载入《美国应用心理学百科全书》的情商模型。之后，加拿大权威测评机构对这套模型在北美进行了长达 14 年的近千人的样本跟踪，得出了非常重要的结论：情商与绩效水平存在正向关联，也就是说，通过发展情商，绩效水平也会得到提升。

职位越高,越需要懂得经营人心

在多年做企业高管教练的过程中,我接触了很多职业经理人和老板。我发现团队规模越大,职位越高,领导者的情商对整个团队的绩效影响越大。

在一家企业,有两位总经理都是空降来的,但是两者的经营水平和业绩结果却相差很大。其中一位总经理带领的团队,体现出来的是比较积极的和谐文化,整个团队具有凝聚力和创新意识;另一位总经理带领的团队,比较涣散,大家互相攻击。

调查发现,两位领导者本质上的差异在于能不能激发员工正面的能量状态,这决定了二者领导力水平的差异。

因此越是高管,越需要懂得经营人心。

日本的经营之圣稻盛和夫先生,因拯救日航而闻名世界,其经营心得被广泛宣传。完全不懂航空业的稻盛和夫先生78岁被首相请出山,拯救濒临破产的日本航空公司。只用了424天,稻盛和夫先生就把日本航空扭亏为盈,这被称为企业经营史上空前的奇迹。而这奇迹的产生源于稻盛和夫坚守的经营哲学理念:以心为本。

人心所向的领导者和员工是情感趋近的关系,人心所背的领导者和员工是情感背离的关系,而情感是驱动行为最直接的动力。因为人的行为的发生是由大脑控制的。《思考,快与慢》一书中写道:脑科学家研究得出大脑支配行为的反应回路是这样的,感性脑直接快速地支配人的行为,而理性脑的回路要慢一些。所以我们才会出现冲动做事之后后悔,话说出去之后觉得不妥。

一个视频,让我直观地感受到了情感驱动的力量:

一个盲人在纽约街头乞讨,他举着一块牌子,上写着:"我是一个盲人,请帮助我!"路过的人行色匆匆,无人驻足。有一位女士停了下来,但她并没有投钱,过了一会,女士走了,紧接着很多人都来投钱。这个盲人觉得非常吃惊。后来女士又回来了,盲人摸了她的鞋子,认出了她,问:"你做了什么呢,你走后很多人来帮助我。"

女士告诉盲人:"我没有做什么,我只是改了你牌子上的话,把原来的话改成'这是多么美好的一天,我却看不见'。"

虽然都是祈求帮助的意思,但后一句更能引起大家的情感共鸣,所以人们愿意去帮助这个盲人,这说明情感共鸣之后带来的行为结果更加快速和直接。

所以我们说卓越的领导者是要把握人性的,把握人性才能得到人心,得到人心才能激发意愿,才可以有效地驱动行为。DISC 就是一个非常好的把握人性、掌握人的行为风格的测评工具。

高情商领导力,是要绩效和康乐

是不是会说话、人缘好,才叫高情商?大家的认知可能是:因为让员工的感受好,他的行为就是正确的,就叫高情商。其实答案是:不一定,因为每一种情绪背后都有它正面的意义。作为领导者,更容易接收到负面的情绪,而既要带领大家获得业绩,还要照顾大家的情绪是非常难的。

对待负面情绪,不应逃避、假装开心,而是接纳它;正确地理解情绪,识别和运用每一种情绪背后正面的力量。生气、恐惧、悲伤等这些我们不喜欢的情绪都有什么正面的意义呢?比如生气,生气表达的是一种态度,至少可以让对方知道我对这件事情不满意;比如恐惧,如果恐惧,就会提前防范,就会有安全意识,就会去尽力地避免风险;又如悲伤,悲伤的正面意义意味着我们应该告别一段过去,开始一段新的人生旅程。

所以,真正高情商的领导者,无论是在怎样的情况下,他都能激发出更多的正能量,能够理解情感背后的正面意义,并且运用它,激发团队正向发展。

鲁文·巴昂博士说一个人的行为表现是否反映高情商,要由绩效和康乐两个方面决定。如果有非常好的业绩,但是大家都处于抱怨辛苦的状态,业绩也一定不能长久持续。但是如果文化氛围非常好但是没有业绩,那么这样的企业也无法生存。所以作为一个高情商的企业经营者或者领导者，必须既追求结果，又要有康乐人际关系。

DISC 发展情商领导力之领导自己

领导力发展的首要阶段是领导自己自我认知清晰，并且能够管理自己的情绪和行为，这是成为卓越领导者的基础条件。

用好 D 特质，助你"目标实现"

要实现绩效，达成结果，自然要有对目标的坚定追求，运用好 D 特质，全力以赴，以目标为导向。

这种渴望自我提升的力量是不断前进的内在驱动力。此项能力值高的人，在压力面前会保持积极的心态，就像稻盛和夫先生一生都在不断迎接挑战，创造了两个世界 500 强企业，还在晚年的时候挽救了一个世界 500 强企业。他总结的成功方程式为：成功 = 思维方式 × 热情 × 能力，并且提出人的一生是不断精进的过程，要"付出不亚于任何人的努力"。这就是特别鲜明的 D 特质，就像永动机，在不断追求，迎接挑战，达成目标。

D 特质突出的领导者也会对自己要求过高，不能接受失败，这个时候就要考虑自己有没有好高骛远，并在不断追求目标和进步的过程中，时刻进行内省和反思。反思要点：第一，制定适合自己的规划和目标；第二，以自己擅长的方式做事，然后努力改进，不需要和别人比较，只需要做更好的自己；第三，做好时间管理和压力管理，选择适合自己的解压方式。

领导者情商发展指示牌：一个团队需要领导者具备引领前进的魄力和勇气，不然就会失去航向和目标，这就要求领导者自身必须具备不断追求目标和挑战自己的能力，自身的目标坚定，团队自然就会有力量。

用好 I 特质，助你"自信乐观"

在目标实现的过程中，要运用好 I 特质，保持自信乐观，这种特质有些人是天生的，他们总是自信满满；有些人则是需要后天培养的，他们总是担忧、忧虑。

自信乐观的人，即使产生消极负面的情绪，也往往是短暂的，他们很快就会调整自己看问题的角度；即使在逆境中也依然看到生活光明的一面，并且保持积极，相信自己有能力克服困境，保持信心。

积极心理学之父马丁·塞利格曼在《活出最乐观的自己》中写道：乐观向上的人往往认为失败只是暂时的，困境可以成为一种挑战、一个有所作为的机遇，会呼唤出更大的努力。

自信乐观的人遇到问题，往往会保持好奇心，而且抗打击能力很强，有内在的自信力。他们可以很快速地拥抱变化，并且积极行动起来，投入新的项目和活动，尝试和新的人交流，尝试新的途径和方法。面对负面信息和问题，他们可以及时转换思维，还可以影响和感染周围的人。

一个人和爱人在一个公司工作，由于倒班制，他们一个上晚班，一个上白班。朋友问他会不会觉得这样的日子很辛苦，他说："我和爱人少了吵架的时间，见面的时间会更加珍惜，更加相爱，我们少吵了五天架，却多了两天的相爱。"

这个故事一直激励着我。因为我先生的工作调动，我们全家面临从二线城市向一线城市的搬迁。当时很多朋友不理解，觉得我们放弃舒适的生活和工作去一线城市，基本需要从头来过，实在不值。而我一直乐观地鼓励自己和家人："可能我们会很困难，但是这对我们来说也是突破瓶颈的机遇，挑战一下未知，或许会遇到更好的自己。"两年后的我，心中充满了信心和惊喜，因为现在的我比之前更好，而且好太多了。

当然也要尊重客观和现实，避免盲目。马丁·塞利格曼说：成功的生活需要大部分时间的乐观和偶尔的悲观。轻度的悲观使我们三思而后行，不会做出愚蠢的决定。乐观使我们的生活有梦想、有计划、有未来，但也要求我们不否认消极因素的存在，依然以积极的心态行动。

领导者情商发展指示牌：作为领导者，会经常面临复杂的挑战、复杂的"沼泽问题"，一个自信乐观的领导会散发出积极向上的个人魅力，让团队更加团结，而一个悲观的、郁郁寡欢、处于抱怨状态的领导者一定会失败。

用好 S 特质，助你提升"情绪意识"

通常 S 特质突出的人，情绪意识很强，对他人和环境很敏感，内心丰富。此项特质突出的领导者可以觉察和理解团队成员的情绪感受，从而进行管理和应用。

情绪觉察力弱，管控力自然也弱，可能会在不自觉的情况下显得情绪化，而让他人感到不舒服，损害人际关系。当然过于敏感，也会对自己形成干扰。

每种情绪都有驱动力，都有正面的意义，如果意识不到情绪，就会忽略或者错过应用和管理的机会，也会漏掉影响决策的关键信息。比如，员工和你生气，如果你察觉到了这种情绪，就会感受到压力，会思考背后的原因和对方的需求，接下来才可能采取进一步行动。

领导者情商发展指示牌：运用好情绪意识，观察他人的肢体语言和面部表情传达的情绪信息，比如，生气时肩膀会僵硬，紧张时呼吸急促、紧锁眉头等。有了觉察，才能采取适当有效的行动策略。

用好 C 特质，助你"冲动控制"

管理会议上，火药味浓烈。

谈到产品质量问题频发的时候，生产部杨经理很生气："是原材料问题。这个问题长期没有人出面解决……"

这时，总经理说："小杨，既然你发现材料有问题，就组织质检部门和工艺部讨论一下，把你们的建议方案报上来。"

杨经理一下子站起来，大声地抱怨："我们部门的同事加班加点已经很辛苦了，其他部门都不承担责任……"

杨经理愤怒的情绪背后内心想的是:"总经理总是在替其他部门说话,什么事都是让我们多做,分明就是偏心。"如果此刻杨经理体内的 C 特质出来制止一下,思考一下总经理提出的方案的可行性和背后的意图,还有此方案对解决问题的利弊等,或许他不会这么不冷静。

冲动控制是指抗拒和延迟冲动性的行为,是指一个人面对欲望或愤怒时,能做到三思而后行。都说冲动是魔鬼,情绪爆发造成的一些后果,可能需要花较长的时间去弥补。

当感知自己的冲动念头之后,要尽可能停顿,深呼吸,或者离开当下的场合,让自己的理性回归,尽可能客观地审视当下,冷静思量再说话和行动。

杨经理如果是因为累积了很多的压力和怨气当下无法进入思考模式,那么不妨说:"不好意思,这个问题有点复杂,容我出去一会儿,我需要冷静一下,回来再探讨。"

领导者情商发展指示牌:领导者往往因为压力过大,会有情绪失控的时候,当被误解或者遇到冲突场景的时候,需要克制,保持倾听和耐心。即便发火,也要就事而论,而不是攻击员工。当遇到抱怨和指责的时候,多使用 C 特质,多问自己几个问题,尽量客观评估而杜绝主观臆断。

DISC 发展情商领导力之领导他人

领导者和普通职员最大的区别就是要更多地处理关于人的问题,因此人际互动能力就显得尤为重要。高情商的领导者既要达到绩效结果,又要保持康乐人际关系,这就要考量领导者的情商能力平衡发展。

D 特质领导他人,助你"坚定直率"

坚定直率指的是:与他人交流时候,可以坦诚表达想法和观点,并且没有冒犯性。掌握这项情商能力,有利于我们懂得如何在适当的时间,用适当的语言表达真实想法和感受,合理捍卫个人权益。

D 特质极少的人,往往不善于坚定地表达观点,尤其在需要对他人表达拒绝和不满的时候,表面上表现得沉默且平静,背地里却独自面对内心的挣扎和煎熬。这样往往会带来几个后果:第一,不利于促进问题的解决;第二,内心会积累不满和抱怨,承受压力大;第三,失去表达机会,失去别人的尊重。

为了取得好人缘,而忘记了原则和底线,失去了立场和观点,这样的老好人领导者,是无法取得好的绩效的,当然最终也会失去人缘。

领导者平衡发展情商指示牌:稳定情绪,选择合适的时间、地点,非攻击性地表达观点,并进行结果预测,即便是不想要的结果,也要坦然接受。

I 特质领导他人,助你"情绪表达"

使用 I 特质表达语言时常常会出现情绪的字眼,例如:好高兴、特别难过、我感到焦虑、我当时很生气、我很气愤等等。使用 I 特质往往能够快速触动或者感染对方。

情绪表达是指以他人能够接受的方式表达自己真实的情感信息,恰当的语言和非语言的情绪表达有利于促进信任关系的建立。

当然,在恰当地表达情绪时,应不宣泄、不对抗。表达情绪的时候一定要说明背后的原因,这样会更容易获得理解。

领导者平衡发展情商指示牌: 领导者的风格需要平衡发展,例如只是使用 D 特质,坚定地表达观点,未免会生硬和让人难以接受,只使用 I 特质,表达情绪,又会让人不知所云,不能明确问题和目标。沟通表达时,应既要让对方接受观点,又能让对方心悦诚服,加深相互理解。

S 特质领导他人,助你提升"同理心"

S 特质具体表现为同理心。同理心是指理解他人感受和需求并能以尊重他人感受和需求的方式行事的能力。同理心强的人,会从对方的需要和感受进行思考,能做到"换位思考,推己及人"。以对方所期待的方式来对待对方,这样就会使人与人之间的关系变得越来越融洽。

同理他人有两个层次,即同理感受和同理需求,前者是同情心,后者才是我们在情商能力中要具备的同理心。

一个人掉进一个黑暗的地洞里,他在底部喊:"我被困住了,这里好黑,我好害怕!"有同情心的人趴在洞口说:"呃,这真是太糟糕了!"有同理心的人则对那个瑟瑟发抖的人说:"我知道这里是什么样子,我也在这里,你并不孤单!"这两种表达会给洞底的人带来完全不同的心理感受。

美国心理学之父威廉·詹姆斯说过:"人最大的需求是被理解和欣赏。"人类本性最深层次的需求是要觉得自己有价值、很重要。同理心强的人善于识别和接受对方传递的情感信息,并在情感层面进行同频回应,可以向对方传递"我懂你"的信号。

领导者平衡发展情商指示牌: 第一,换位思考;第二,不做评判地倾听;第三,做出恰当的回应。

C 特质领导他人，助你拥有"事实辨别"

同理心过强也会存在风险，可能会造成偏听、偏信、偏袒，失去对客观事实的判断而做出不佳的决策，因此需要发挥 C 特质的事实辨别能力。

事实辨别即要客观、实事求是地判断某个事物。要做到这点，就要保持客观、公正，避免个人情绪的干扰。

组织心理学家克里斯·阿吉里斯认为，人被情感干扰的原因是存在认知偏差和局限性思维。很多人发现信息与固有认知不符的时候，自尊心或者不安全感作祟，就会对已有观点反复求证，并会选择性地忽略一些与自己观念相左的信息，然后被那些能印证原有观念的信息吸引。有的人甚至为了维护自己的信念，会先下结论，再去寻找对结论有利的证据。

为了避免进入认知误区，就需要将 C 特质发挥更多一些，比如收集多角度的事实和证据，尽可能用描述性的语言，而非评判性的语言，尽可能地将问题细分，独立冷静地思考。

领导者平衡发展情商指示牌：同理心沟通是领导者避免专断的一种非常必要的技能，也是人际关系互动中最可以加强信任的沟通方式，但要与事实辨别能力平衡发展，在解决问题和完成目标的过程中，兼顾"人"和"事"的平衡，保持客观公正的领导者形象。

D、C 特质配合，助你提升"独立性"

独立性强的人，通常更善于自主思考、自我行动和独立决策。威廉·马斯顿博士在 DISC 理论中提出关注人和关注事的维度，其中，D 和 C 特质是关注事，对他人的依赖较少，更能体现独立性的行为风格特征。这两种特质使领导者即使遭到他人反对，也愿意相信自己的想法，并愿意付出行动并主动承担责任。主动承担的精神，使人更容易在工作中脱颖而出。

领导者平衡发展情商指示牌：提升独立性，主动面对问题，勇于触碰问题，不惧怕失败。

I、S 特质配合，助你提升"人际关系"

I 和 S 特质更关注人，使我们投入更多时间和精力在人际关系的维护上。情商能力高的人更擅长与他人进行沟通、交流与协作，对他人的需求会表现出关心和支持。

职场中，固然需要更强的专业能力，但是人际关系也是万万不可被忽视的。比如，在团队合作的项目中，虽然凭借自身的专业能力完成了任务，但是合作的同事却对你存有很大的意见，这样无疑给今后的工作开展设置了障碍。尽管同事知道该如何配合你的工作，但人际关系不好，会影响项目进度，进而影响业绩结果。

领导者平衡发展情商指示牌：独立性需要和人际关系平衡。独立的思考和决策能力固然重要，但是一个领导者需要兼顾团队的声音和需求，可以不依赖，但是要倾听，可以不专断，但是要敢于独立决策，带领团队协作、完成目标。

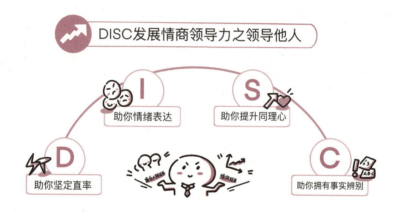

情商能力可以通过练习提升，而运用 DISC 行为风格理论，也一定要视场景、对象而定。总之，情商发展是服务于"绩效"和"康乐"的，我们都要成为高情商的、懂得经营人心、掌控自己人生的优秀领导者。

余维

DISC国际双证班第52期毕业生
国家二级心理咨询师
公司管理中心负责人
渲美新零售联合创始人

扫码加好友

创新领导
——灵活运用四个法宝助你成为好领导

俗话说:"入职看公司,离职看领导。"在我十几年的职业生涯中,我遇到过不同风格的领导,也见证过能力不错的同事因为和领导风格不匹配而离职。

当我走上管理岗位,我常常思考:如何才能留住优秀人才?怎样管理团队才能更好地激发员工的积极性,帮助他们成长为骨干?

很庆幸自己结缘了 DISC 与情境领导这两套理论,在工作中,我依据不同情境,采取不同的领导风格给予员工支持和帮助,并收获了不少下属的好评:"维姐,你是我遇到的最好的领导!""维姐,你就是我想要努力成为的那个人!"……至今没有因为"我"这位领导而离职的下属。

情境领导:换一种思维看问题

有一天,公司(主要销售个人护理美容仪器)的销售员小陈打电话给销售经理王经理,说:"领导,有客户要买产品,要求打折,怎么办呢?"

如果你是王经理,会怎么回答呢?

有人回答:要看具体情况。

有人回答:看看产品的库存。因为个人护理仪器更新换代快,每年都有很多新产品上市。如果是旧产品,正好清理库存,就打折;如果是刚上市的,就不打折。

有人回答:看看销售的业绩状况。因为销售团队,都会有业绩要求,如果业绩差一点达标,那给客户打折;如果业绩已经超额完成了,那就不打折。

有人回答:看看跟客户的关系。看看客户是谁,跟客户关系好,打折;关系一般,不打折。

有人回答:看看客户买的量。买得多,打折;买得少,不打折。

有人回答:看看是否是现金支付。现金支付,打折;有账期,不打折。

……

以上这些答案从客户或者是产品出发,都没问题。接下来,我们换一种思维——情境领导,再来看看问题。

什么是情境领导?

1969 年,保罗·赫塞博士同肯·布兰佳博士在合著的《组织行为学》一书,提出了情境领导模式。

1985 年,肯·布兰佳博士与肯·布兰佳公司的创始成员们共同创立了情境领导 II 理论。它被誉为重要的领导理论之一。

这套理论不仅重视领导者行为能力的修炼,还特别强调领导要因人而异、因材施教,帮助领导者发展下属成为独立自主的高绩效员工。

情境领导建立在下属的发展阶段(工作能力和工作意愿)与领导者所提供的领导形态(指导和支持)之间的互动关系上。这种关系是针对特定目标或任务而言的。唯有领导者的领导形态能与下属的发展阶段相匹配时,才能成功并有效地领导。

如何诊断员工的四种不同发展阶段

发展阶段依具体的某一个目标或任务而定,并不是对个人技能或态度的整体评分。依照在特定目标或任务上所具备的工作能力强弱和工作意愿高低,员工个人的发展阶段共分为四种:

D1阶段：热情的初学者——工作能力弱，工作意愿高。

处于D1阶段的对目标或任务有兴趣和热情，但缺乏技能和经验。

D2阶段：憧憬幻灭的学习者——工作能力弱至中等，工作意愿低。

处于D2阶段的员工通常已经发展了一些与目标或任务相关的技能，但还未达到胜任的程度，受到挫折后，会感到沮丧、不知所措、迷惑，丧失积极性。

D3阶段：能干谨慎的执行者——工作能力中等至强，工作意愿不定。

处于D3阶段的员工有较好的与目标或任务相关的技能，但他们的信心并不坚定，有时会迟疑、犹豫不决，有时会缺乏信心、显得自责，进而对目标或任务失去兴趣。

D4阶段：独立自主的完成者——工作能力强，工作意愿高。

处于D4阶段的员工已经完全掌握目标或任务，并感到兴奋，具有积极性和自信心。

员工发展阶段的两个重要因素

员工个人的发展阶段是两个因素的组合：工作能力和工作意愿。

工作能力包含两个方面：一为每个人在完成某一目标或任务时所表现的与任务相关的知识和技能；一为可转移的知识和技能。

工作意愿包含两个方面：一为积极性，想不想完成某一任务，想不想把某一目标做好；一为信心，即有没有信心完成某一任务，或者有没有信心达成某一目标。

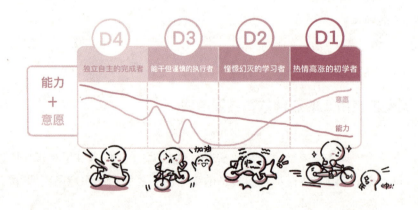

诊断非常关键,如果诊断错了,相对应的领导方式/领导风格也会用错。

刚入职的新员工都是热情高涨的学习者,但是 3～6 个月的时候,离职率非常高,这是为什么?就像学自行车一样,摔过跤,受了伤,如果领导没有及时介入,员工就容易选择离开公司。

判断具体任务或发展目标

有人会说,我判断出下属处于 D1 阶段,那他在做任何任务的时候都是 D1 阶段吗?不是的,我们说的发展阶段,一定是基于某一个具体的任务或者目标的。

比如说:一个新入职的应届毕业生,领导交给他一项从未接触过的新任务时,他的意愿度是很高的,表示非常愿意尝试,他就处于能力低、意愿高的 D1 阶段。

如果他是设计专业的,领导让他设计一张宣传海报,他表示没问题。这个时候,他处于能力高、意愿高的 D4 阶段。

所以判定员工处于哪个发展阶段,需要明确具体的目标或者任务。面对不同的目标或者任务,员工所处的发展阶段会有不同。所以,要具体问题具体分析,因人而异,因势利导。

判断,是领导者需要具备的一种能力,它帮助领导通过衡量员工在当前目标或任务环境下的工作能力及工作意愿,以便采用最恰当的领导形态。

灵活运用行为风格匹配员工不同的发展阶段

在情境领导理论中,领导者要根据员工所处的不同发展阶段,采用不同的领导形态进行匹配,帮助下属成为独立自主的高绩效员工。

领导形态有两个基本行为类别:指导行为和支持行为。

指导行为:包括设定目标,向员工说明和示范要做什么、何时做、怎么做,并对其工作成果提供频繁的反馈。

支持行为:包括尽量采用双向沟通,倾听、赞扬并提供支持,鼓励并促成员工独立自主地解决问题,以及让员工参与决策制定。

四种不同程度的指导行为和支持行为的组合,构成了 S1、S2、S3、S4 这四种领导形态。

S1 型指令型:高指导、低支持。

S2 型教练型:高指导、高支持。

S3 型支持型:高支持、低指导。

S4 型授权型:低支持、低指导。

员工在不同的发展阶段需要匹配不同的领导风格:

当员工处于工作能力弱、工作意愿高的 D1 阶段,需要用 S1 领导形态进行匹配。

当员工处于工作能力弱至中等、工作意愿低的 D2 阶段,需要用 S2 领导形态进行匹配。

当员工处于工作能力中等至强、工作意愿不定的 D3 阶段,需要用 S3 领导形态进行匹配。

当员工处于工作能力强、工作意愿高的 D4 阶段,需要用 S4 领导形态进行匹配。

每种领导形态都可以结合 DISC 行为风格,来有效解决员工四种发展阶段所面临的问题。

S1 指令型(高指导、低支持)——充分发挥 C 特质

C 特质主要表现为以任务为导向,强调细节,注重程序、标准和步骤,希望一切在自己的掌控中。

当员工处于工作能力弱、工作意愿高的 D1 阶段,领导者应该对员工的角色和目标给予详尽的指导,并密切监督员工的工作成效,以便对其工作成果给予及时的反馈。具体步骤如下:

第一步,明确目标和角色,陈述任务的重要性和价值。

第二步,发现应当予以肯定的东西,肯定积极性和可转移的技能。

第三步,给予指导,教授并演示如何工作,讲述并示范完成计划所需的知识、方法、技能、步骤、流程,告诉员工"做得好的样子"是什么样,标准是什么。

第四步,为员工提供工作计划。

第五步,提供监督和评估员工是否弄明白了任务,做得怎么样。

真实意图:作为领导,你希望帮助员工发展/提高其工作能力!(领导做决定)

S2 教练型(高指导、高支持)——充分发挥 S 特质

S 特质主要表现为有足够的耐心,善于鼓励他人,懂得倾听,有同理心,关心他人感受,会站在他人的角度考虑问题,乐于调动一切资源帮助别人解决问题。

当员工处于工作能力弱至中等、工作意愿低的 D2 阶段,领导者应该对其解说工作的原委,征求员工的建议,赞扬员工大致上正确的行为,同时继续指导其完成任务或目标。具体步骤如下:

第一步,询问并倾听顾虑、困难、问题背后的原因等。

第二步,让员工参与解决问题与制定决策。

第三步,提供有针对性的指导。

第四步,及时称赞、鼓励,经常反馈并表扬员工。

第五步,让员工参与目标与行动计划制定工作,但自己做最后的决定。

真实意图:你想表示你的确关心员工!(我们来谈谈,领导做决定)

S3 支持型(高支持、低指导)——充分发挥 I 特质

I 特质主要表现为乐于分享,热情,善于认同、鼓励和表扬他人,通常能给人信心与鼓舞。

当员工处于工作能力中等至强、工作意愿不定的 D3 阶段,领导者要和员工共同制定决策。领导者的角色是推动员工、积极倾听、激发其潜能,并予以鼓励和支

持。具体步骤如下：

第一步，询问并倾听员工有什么想法、建议、计划、方案等。

第二步，当员工提出请求时，与其分享自己的专长并相互协作。

第三步，提供支持、排除顾虑，鼓励并赞扬、认可员工的工作能力，激发其工作意愿。

第四步，回顾已取得的成功和学得的技能，从而提高员工的信心。

第五步，鼓励员工在制定目标、行动计划以及解决问题中起主导作用，通过启发性提问促成其完善方案。

真实意图：你想要员工相信自己！（我们来谈谈，员工做决定）

S4 授权型（低支持、低指导）——充分发挥 D 特质

D 特质主要表现为关注结果，懂得放权，通常给予人充分的信任，善于为他人提供更大的舞台与机会。

当员工处于工作能力强、工作意愿高的 D4 阶段，领导者应该提供适当的资源，并授权其独立作业，完成任务。具体步骤如下：

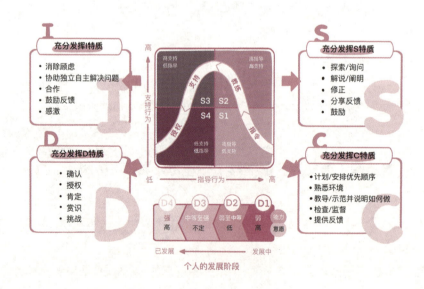

第一步,允许员工来主导。

第二步,要求其随时告知工作进展情况。

第三步,表彰他的贡献。

第四步,鼓励他去超越。

第五步,鼓励他与他人分享知识与技能。

真实意图:你想要员工超越自己!(员工做决定)

情境领导的目标就是以恰当的领导形态配合员工的发展阶段。当两者相匹配时,员工的工作能力、积极性和信心便随之增强。反之,如果领导形态与员工的发展阶段不匹配,很容易对其工作能力、积极性和信心产生消极作用。

案例解析

回到本文开始的案例:客户买产品,该不该打折?

学习了如何将 DISC 理论运用到情境领导中,王经理应该根据小陈的发展阶段来匹配相应的领导风格,并相应地发挥不同特质去调整领导风格。

针对 D1 阶段的热情高涨的初学者——充分发挥 C 特质

假如小陈是应届毕业生,进入公司不久,针对给客户打折这项任务来说,他的能力是非常有限的,几乎没有能力,不能独立完成任务,但他的热情度往往很高。则小陈处在 D1 发展阶段。

作为领导,可采用 S1 领导风格,充分发挥 C 特质,具体如下:

第一步,明确目标和角色,陈述任务的重要性和价值。

告诉小陈这次跟客户的沟通很重要,不仅决定这次是否成交,很可能决定是否收获常合作的客户。要求小陈详细叙述与客户沟通的过程,和小陈一起看看,如何搞定客户。

第二步,发现应当予以肯定的东西,肯定积极性和可转移的技能。

当小陈详细叙述跟客户沟通的过程时,需要肯定他做的一些事情,比如:你积极响应客户需求,帮他及时解决了问题,这是一个优秀销售员必备的敏感度,这点你做得挺好。

第三步,给予指导,教授并演示如何工作,讲述并示范完成计划所需的知识、方法、技能、步骤、流程,告诉员工"做得好的样子"是什么样,标准是什么。

直接告诉小陈,给客户打折还是不打折,打多少折扣。给小陈提供一份详细的打折方案,还可为其提供与客户沟通的话术等。

第四步,为员工提供工作计划。

按照方案,帮助小陈制定跟进客户的具体时间节点。

第五步,提供监督和评估员工是否弄明白了工作任务,做得怎么样。

等小陈跟客户每次沟通结束后,检查并评估小陈是否按要求做了,并给小陈反馈。

针对 D2 阶段的憧憬幻灭的执行者——充分发挥 S 特质

假如小陈来了有一段时间,有一点业务技能,但自己不能独立完成任务,同时,因为一直没有独立售卖产品,并且在销售过程中可能会有一些挫折,意愿度不是特别高。则小陈处在 D2 发展阶段。

作为领导,可采用 S2 领导风格,充分发挥 S 特质,具体如下:

第一步,询问并倾听顾虑、困难、问题背后的原因等。

需要向小陈询问详细的背景情况,在小陈描述情况的时候耐心倾听。

第二步,让员工参与解决问题与制定决策。

让小陈给出他的建议。

第三步,提供有针对性的指导。

与小陈一同分析讨论,并告诉小陈为什么要这样做。

第四步,及时称赞、鼓励,经常反馈并表扬员工。

在小陈给出建议后,给予肯定和鼓励。

第五步,让员工参与目标与行动计划制定工作,但自己做最后的决定。

最后告诉小陈,决定打折还是不打折,并提供一套详细跟客户沟通的话术给他。

针对 D3 阶段的能干谨慎的执行者——充分发挥 I 特质

小陈已经能够独立售卖产品了,业绩做得也还不错,偶尔业绩也有下降。有能力,意愿不定,意愿度忽高忽低。在业绩好的时候,有很强的积极性和信心;业绩稍微下降的时候,积极性和信心又降下去了。则小陈处在 D3 发展阶段。

作为领导,可采用 S3 领导风格,充分发挥 I 特质,具体如下:

第一步,询问并倾听员工有什么想法、建议、计划、方案等。

简单地询问小陈相关的情况,引导出小陈心中的想法是什么。

第二步,当员工提出请求时,与其分享自己的专长并相互协作。

当小陈说他根据对客户的了解,给了客户具体的打折方案,但是他又表达出对这个打折方案不是特别有信心,怕失去这单生意。这时候可分享自己此前遇到类似情况时是如何做的。

第三步,提供支持、排除顾虑,鼓励并赞扬、认可员工的工作能力,激发其工作意愿。

对小陈提出的方案给予肯定和鼓励,表示相信他的判断。告诉他:你的方案很详细,既满足了客户降价的需求,又保障了公司的利润,很不错。

第四步,回顾已取得的成功和学得的技能,从而提高员工的信心。

告诉小陈,在这半年内,他的业绩名列前茅,看得出这个方案花了他很多心血,整体思路非常不错,期望他能够继续保持,年末成为销冠。

第五步,鼓励员工在制定目标、行动计划以及解决问题中起主导作用,通过启发性提问促成其完善方案。

告诉小陈,结合双方讨论的内容,他可按照自己的思路进行完善,之后再与客户沟通,相信他搞定这个客户完全没有问题。

针对 D4 阶段的独立自主的完成者——充分发挥 D 特质

小陈在公司售卖产品,业绩一直排在前几名。这时可判断出小陈处在 D4 发展阶段。

作为领导,可采用 S4 领导风格,充分发挥 D 特质。具体如下:

第一步,允许员工来主导。

让小陈自己决定,不用跟他说什么政策或者指导他如何做,只要告诉他一句话:你办事,我放心。

第二步,要求其随时告知工作进展情况。

让小陈联系客户后,直接汇报沟通结果。

第三步,表彰他的贡献。

在开会的时候表扬小陈。

第四步,鼓励他去超越。

向小陈提出,如果今年超额完成任务,给他丰厚的奖励。

第五步,鼓励他与他人分享知识与技能。

让小陈把客户想要打折的成功案例分享给大家,鼓励他分享如何分析客户、如何跟客户沟通、如何一步步成功拿下客户。

情境领导的灵活运用

情境领导最重要的一个特点就是"灵活",讲究"因情境而变"。

有许多的变数会影响一个人达成目标或完成任务的能力,而情境领导最重视的情境变数是:员工在某一特定的目标或任务之下所处的发展阶段。领导者应随组织环境及个体情况变换改变领导风格及管理方式。当员工从 D1 发展到 D4 阶段时,领导的领导风格也应随之改变,更需要灵活匹配各种特质。

有一次，招聘同事小张邀约一位管理层的候选人到公司面试，经过层层筛选，公司决定录用。这时候，我告诉她："你来负责跟他沟通薪资吧。"这时候她一脸焦虑地回答："啊？领导，这么重要的任务，我担心沟通不好，到时候候选人不来怎么办？"

学习了情境领导的我迅速判断她处于 D3 发展阶段。怎么判定的呢？首先，她一直从事招聘工作，之前有跟候选人沟通薪资的经验，说明工作能力是具备的；其次，她的意愿一般，信心有些不足。有能力，意愿不定，可判断她在沟通薪资的这项任务上处在 D3 发展阶段，对于处于 D3 发展阶段的员工，需要充分发挥 I 特质。

所以，我首先对她进行了鼓励和肯定，说："你招聘经验足够，之前也有沟通薪资的经验，虽然这次是和管理层候选人沟通，但是沟通薪资的技巧都是相通的，况且你的沟通和表达能力一直都不错，我相信你这次也一定没问题。出了什么问题，还有我呢！"

同时，我也给她分享了我之前跟管理层候选人沟通薪资的技巧和心得，引导她理清如何跟管理层候选人沟通的思路，并且给予肯定。

后来，管理层候选人顺利入职了。从小张的笑容中，我感受到她满满的成就感。以后我再安排类似的任务时，她都欣然接受，并信心十足！说明针对这项任务，她已经进入 D4 发展阶段。这时，作为领导，我能做的就是充分发挥 D 特质，直接告诉她："你跟管理层候选人沟通好后，告诉我结果就行。还有，下次周五的学习分享，记得跟其他小伙伴分享你的成功经验。"

掌握情境领导，并且灵活运用 DISC 理论匹配员工不同的发展阶段，可以让我们因时而变，因势利导，沟通更加顺畅，能帮助你像我一样，成为一个深受员工喜爱的优秀领导者！

第三章

让业绩更亮眼

赖静茹

DISC+讲师认证项目A5期毕业生

线上成交培训师

百万知识付费导师

扫码加好友

线上成交
——四招打破抗拒 轻松提高业绩

为什么问了这么多还不下单?
为什么我的顾客总要考虑?
顾客不说话还怎么继续?
遇到要考虑的顾客,我真的就不会了!
……

我们经常遇见这些问题,这也是在培训中学员向我反馈最多的问题。我们暂且把以上成交卡点统称为"成交抗拒点"。

抗拒点是最影响成交转化的问题,有经验、经过训练的成交高手都会用自己的办法解决它。但多数线上成交新手,或没有经过训练的新手遇到这些问题,就一筹莫展了。浪费对话成本不说,成交的信心也被影响,容易形成恶性循环。

提高线上成交率、提高业绩,关键在于运用方法技巧研究客户心理,攻破客户抗拒点,制定多维思路与客户达成交易,提高业绩。

关于转化率

在线上成交管理中,转化率至关重要。它一方面可以作为评估团队实力水平的依据,另一方面可作为提高团队各个环节的重要参考项。

作为从业者,都有属于自己业内的数据标准参考。例如:一位网络总监去应聘,基本上会被问:"之前的转化率是多少?"根据这个数据可判断他与用人单位的基本匹配度。

我曾经面试过线上客服岗位的应聘者,如果对方连转化率都不知道,就基本可以判断这样的应聘者,培养的成本高,我基本不会录取。

转化率为 8% 和转化率超过 10% 的销售客服,单纯看数值或许没有太直观的感觉,但事实上,哪怕转化率提升 1%,其影响都非常大。

如果一家公司的客服转化率很差,投产比严重失衡,现金无法回流,自然无法继续投放广告,无法投放广告,流量少,资金自然回流困难,就会形成恶性循环。

如果线上客服销售团队的转化率能超过行业标准,转化率高资金回流快,企业就可以放心大胆地投放广告,促进现金回流,迅速扩大团队,企业也能良性发展。

这也是为什么越重视客服转化率的企业团队,发展得越好。

线上的成交技巧

很多人对我说:"线下成交我很擅长,跟顾客面对面,了解顾客表情、动作、讲话的口气,可以根据顾客需求来调整匹配的成交方案,继续实现成交。转到线上,在微信里对话,就感觉不像线下这么顺畅。"

2020 年,因为外部大环境的变化,多数实体店都从线下转到线上,对从业人员的线上销售成交技巧要求更高。通过微信,我们见不到顾客,看不到顾客的表情,更无法从顾客的表情推断顾客在想什么,如果对方不回消息,那就更不知道怎么办了。

这时,我们可以研究线上顾客心理,通过多种技巧来攻破顾客的抗拒心理,提高转化率。

微信五要素

微信相当于个人的线上名片。作为线上销售人员，需要打造个人品牌，有意识地通过微信头像、名字、背景图、签名和朋友圈内容打造个人名片，迅速获取顾客信任，最终提高成交率。

我们也可以通过微信五要素来判断顾客的性格特点，从而制定更有针对性的话术。比如，对方是真人头像、真人名字，且朋友圈内容真实、多样化，以此可以判断该顾客属于开放式，可以以此为切入点，从对话中判断顾客的经济实力、消费水平、文化程度及对产品的预期等。

如果对方头像非本人，例如采用风景照、动物照，或者朋友圈内容设置为三天可见，说明对方自我保护意识较强，不愿意对外展示太多，从对话中我们就需要更多地去挖掘。

对话五细节

根据微信五要素进行初步分析以后,我们可以再根据对话五细节来判断顾客的性格特征:

语气助词的运用:哈,哦哦,嗯嗯……

标点符号的运用:句号,省略号,感叹号等。

大小表情的运用:微笑,动图。

礼貌用语的运用:您好,请,麻烦,谢谢。

字数分段的运用:几个字,或者一整段。

通过这五个细节可以大致判断出我们和顾客沟通的融洽度、开放度,以及顾客对我们的信任度。

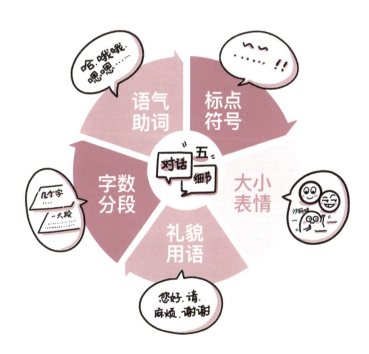

成交心法

每一条流量背后都是人，需要真诚对待。

有些销售顾问每天聊的对话太多，容易流程化对待顾客，这非常影响转化率。我遇见很多人复制粘贴对话，甚至被顾客质疑："你是机器人吗？"

流量的背后，是有血有肉有感情的人，需要我们根据顾客的回应，来调整话术。

顾客和你聊天的目的就是希望购买产品。

每个人的时间都非常宝贵，很多人以为顾客问好多不买是顾客挑剔。我们需要记住一点：顾客和我们对话，就是对产品感兴趣，就有成交的意识。是今天买，还是明天买，是直接买，还是讨价还价之后再买，都有可能。前提是我们需要明确：任何一个顾客都在等待成交。如果我们不积极主动出击，顾客很有可能被对手抢走。所以，我们是在跟市场抢顾客。我们犹豫了，对手可不会犹豫。

重视顾客的防备心理。

顾客有考虑的权利，有说贵的权利，说这些不代表不成交。我们遇见太多顾客，最终成交不了，所以，潜意识里会自动默认这些顾客都不好成交，甚至不会成交。

其实，很多顾客在多次强调、讲解之后才会成交，这是因为不少顾客的自我保护心理，他们需要得到多种承诺后，才会放下防备再成交。

顾客开心，成交顺心。

千万不要跟顾客争辩。比如，有些线上销售顾问为了成交，会否定顾问的观念。在短时间内我们是很难改变顾客的观念的，就像我们的观念也很难瞬间改变一样。我们的目标是成交，在顾客开心的前提下达成成交。如果让顾客不开心了，离成交也就越来越远了。

所以当我们在遇到与顾客观念不同时，应先认同对方，再引导出我们的观念。让顾客明白，很多观念不冲突，可以有多种尝试。买单的是顾客，只有顾客开心了，才会有成交。

预期管理

预期管理包括自我预期管理和顾客预期管理。

以前,我不懂做自我预期管理,遇见顾客抗拒点或者不回消息,就容易情绪低落,影响状态,最终影响业绩。其实我们应该提前把顾客抗拒点考虑进去。如果顾客说太贵,销售就不回复,这就说明我们的自我预期管理是不完善的。

关于顾客的预期管理,我们要给予顾客说贵、考虑、对比竞品、不回复的权利;要明白顾客说这些不等于不买,说这些是正常的。大多数顾客是不可能那么快成交的。要相信:有的顾客疑惑越多,我们就有机会比对手讲解得更好,成交的概率更大。

分类备注技巧

我在全网销量超百万的课程——12招超级成交术中,强调通过分类备注、区分顾客特点、侧重对话方向及前后来提高成交率。

作为销售客服,每天会有新成交的客户,又要跟踪维护老客户,分类和备注显得特别重要。

新手客服常常会说,前几天意向良好的客户没成交,后天要跟踪,但设置顶、没备注好,找起来就很麻烦,不仅浪费时间,也影响心情,变得很急躁;还有些客服说,因为客户太多,没注意客户发来的消息而错过成交。

分类相当于在提醒我们,接下来要重点和客户聊什么。这里和大家分享六个小技巧,也是被许多人忽略的小细节。

备注技巧

可采用加好友日期-类别-需求(咨询内容)-称呼-电话-备注。太长也不合适,我们可以灵活根据自己的需求来备注。

划个重点,可以用"+"和"-"来区分客户类型。"+"就是意向强,"-"就是仅咨询、意向待定。有学员问我,我用表情可以吗?当然可以,不过要注意的是,备注要方便自己搜索。

比如，备注名为：9.13＋戒指＋多家对比－张－三千左右。意思是：9月13日加微信，想买戒指，而且对比过多家，姓张，心理价格是三千左右。有了这些信息以后，就可以制定跟踪的时间和产品讲解重点，攻破客户抗拒点，引导成交。

标签

标签可以根据客户意向、咨询的产品、需求点等内容来制定。这样后期我们发朋友圈也可以配合标签。

强提醒

在好友里开启强提醒功能可以第一时间收到消息。开启后，如果核心客户给我们发消息，就不会错过了。

聊天背景图的设置

和特定的人聊天，可以设置背景。在加好友之后，为了加深印象，可以请客户把自己的照片或把客户的照片设置成背景图。这样聊天会有代入感。

也有人会设置一些励志金句或者团队的核心口号，时刻提醒自己。我们可以根据自己的习惯来设置。

置顶

置顶比较常用，如果还没这个习惯，就要用起来了，把核心的客户置顶起来。

DISC 在线上成交的运用

通过 DISC 行为分析方法，可以了解个体的心理特征、行为风格、沟通方式、激励因素、优势与局限性、潜在能力等。把 DISC 运用于线上销售，有助于提高线上成交率，提高业绩。

虽然我们了解 DISC 理论，但在线上，看不到顾客的面部表情和肢体语言，也就很难判断顾客的行为风格，但我们可以结合前文提到的"微信五要素"和"对话五细节"来判断顾客的行为风格。

D 特质顾客

D 特质顾客是指挥者,关注事、行动快;时间观念强、喜欢发号施令;目标明确、以结果为导向;关注重点,希望得到别人直接的回复。如果对方不直接回复,他们会不耐烦。这类顾客发语音时,我们可以从语音中感受到对方语速快、语气坚定、音量大且有力量。

线上销售,客服最经常遇到的一个问题:"你们 XX 多少钱?"这个问题我们讨论过无数次,是要直接回答还是绕开不回答先提问呢?如果先回答价格,怕价格不符合顾客预期,对方就不搭理了;如果不回答价格而先提问,也怕顾客不耐烦。

看到这里,是不是突然心生安慰:"如果是 D 特质顾客,直接回答价格,应该正中下怀啊!"是可以这样来理解,毕竟 D 特质顾客就是要结果,关注事。当然,只是回答价格还不够,价值也得跟上,后续还是要继续引导。

"你们的产品有没有效果?"

"质量好吗?不会有副作用吧?"

"有什么主要功能?"

"我买了之后能达到 XX 目的吗?"

如果不结合 DISC 理论,我们会觉得顾客好直接,甚至有一种被针对的感觉。在线上又看不到顾客的表情,不知道的还以为顾客好像有意见、在挑刺。

对于 D 特质顾客,我们可以这样回答。

顾客:"你们的产品有没有效果?"

销售:"一定有效果,放心吧!"

顾客:"质量好吗?不会有副作用吧?"

销售:"质量您放心,我为您详细讲解,您主要想改善 XX 吗?"

顾客:"有什么主要功能?"

销售:"有 XX 功能,您之前了解过吗?"

顾客:"我买了之后能达到 XX 目的吗?"

销售:"可以的,我们的产品主要解决这个问题。这个问题困扰您多久了?"

针对 D 特质顾客,应先满足他们要结果、关注事的特质,再根据成交流程或者其关注点进行需求挖掘,一定不要只回答顾客的问题,忘记去提问、去引导。引导是为了挖掘需求,应通过互动了解其需求再回应他们的回答。

因为 D 特质顾客希望能掌控一切,要多从对方的角度进行分析,并为其提供两种或以上的解决方案,最终将决定权留给对方。

I 特质顾客

I 特质顾客是社交者,关注人、行动快;对人热情大方、天生拥有强大的沟通能力;幽默风趣、需要被肯定;思维敏捷、点子很多,总是保持快节奏;凭直觉办事、不太顾及细节;易冲动,心直口快;最害怕失去认同。

同样是行动快,I 特质顾客和 D 特质顾客明显不同的是,后者关注事而前者关注人。在线上成交过程中,如果顾客不问与产品相关的信息,而是说:

"我有个朋友给我推荐了你们家的产品,说你们家的产品很不错,我也想试试……"

"你们家的产品都有谁用过啊?他们反馈怎么样呢?"

"要是好用的话,我一定会再买,到时候把你推荐给我朋友……"

"我之前也用过其他品牌的产品……"

I特质顾客咨询购买产品的同时更享受交流的感觉,且不忘透露自己是"行家",以期获得更多尊重和认可。

I特质顾客需要被肯定、被认同,只要满足了他们的这个需求,多数I特质顾客会很乐意继续跟我们沟通。

顾客:"我有个朋友给我推荐了你们家的产品,说你们家产品很不错,我也想试试……"

销售:"感谢您朋友的信任。放心吧,我们家的产品一定让您满意,也非常感谢您的信任。"

顾客:"你们家产品都有谁用过啊?他们反馈怎么样呢?"

销售:"我自己也用过,我闺蜜也用过,老顾客的反馈都非常好。放心吧,您眼光好,看上的一定都是好的。"

顾客:"要是好用的话,我一定再买,到时候把你推荐给我朋友……"

销售:"您一定会再买的,跟您聊天就感觉您人非常好,朋友肯定也多,相信您一定会帮我们多推荐的。"

顾客:"我之前也用过其他品牌的产品……"

销售:"嗯嗯,那您一定是行家了,我好好为您介绍,如果有什么地方不到位,还希望您多多提宝贵建议呀!"

I特质顾客,在与他们交流中一定不要忘了多捧、多夸、多赞美。因为对于他们来说,赞美不嫌多。在成交过程中,照顾他们的感受,要在对方情绪上来的时候引导成交。

S 特质顾客

S特质顾客是支持者,关注人、行动慢;不喜欢改变、保守且敏感;做决策和行动速度比较缓慢;相对保守,遇到变动会焦虑不安,而且表现出排斥变动的状态;不喜欢出风头,但不代表他们不喜欢被关注。

S特质顾客有自己的想法,但通常不会直接表达,更愿意照顾他人的感受。刚开始在线上聊天,S特质顾客会比较慢热,可能回应慢,次数也少,以至于我们会以为这个顾客没意向。

所以当我们发现顾客半天不回复或者只回:

"哦,知道了。"

"我再看看。"

"我问一下我家人。"

"感觉挺好,谢谢。"(但,就是不付款)

对于话少且回复慢,常要考虑或要跟家人商量的S特质顾客,需要耐心讲解,详细为其介绍产品特点,照顾对方感受。

顾客:"哦,知道了。"

销售:"好的,相信通过我的讲解,您应该感受到我的专业,很高兴能帮到您。"

顾客:"我再看看。"

销售:"看看是应该的,就是因为想买所以想看看,对吧,很想帮到您,您能跟我说说,是看价格还是质量呢?"

顾客:"我问一下我家人。"

销售:"相信您的家人一定会支持您的,因为您好了,您的家人也才会好,实际上也是在支持家人变得更好,您多伟大呀。"

顾客:"感觉挺好,谢谢。"(但,就是不付款)

销售："有您的信任我非常开心,也希望得到您的支持,您买了产品用了好,我也非常开心。您的地址发我,我现在帮您安排。"

对于 S 特质顾客,除了多耐心引导讲解之外,多肯定对方,也请求对方的支持,从相互成就的角度出发去引导,可以帮助对方直接做决定,避免因其顾虑重重而影响成交。

C 特质顾客

C 特质顾客是思考者,关注事、行动慢;追求完美,讲究逻辑,相信数据;做决定和采取行动时,谨慎且迟疑,喜欢三思而后行;对自己和他人的要求很高,很难表扬他人;善于分析过程,讲究事实与细节,以任务为导向,不太关注他人的感受。

面对 C 特质顾客时,提供完整详细的数据资料更能获得信任,能更快成交。

当他们问:"你们的产品获过什么奖吗?"

"你们的产品效果好吗?"

"你说的到底是不是真的?"

不要以为顾客在针对我们,顾客有抗拒点、有疑问点,才能成交。C 特质顾客不关注感受,只关注事情本身。对于 C 特质顾客,一定不能只单纯地回答问题,配合图文视频效果更好。

顾客："你们的产品获过什么奖吗？"

销售："是的，我们在 XX 获过三项大奖，这是证书。"（附上相关证书）

顾客："你们的产品效果好吗？"

销售："产品的效果绝对有保障，您看这是我们的研发过程，我们的产品经过 X 道工序，X 道测试，X 道测评才上线。"（附上研发图文和视频及顾客好评反馈）

顾客："你说的到底是不是真的？"

销售："一定是真的，放心吧，咱们全国有 XX 家连锁，每天接待顾客 XX 人次，就是因为效果好，87% 以上的新用户都是老顾客转介绍的。"

与 C 特质顾客沟通时，除了提供数据资料、视频、图文外，一定要考虑周全、注意细节，并照顾对方行动慢的特质，帮助对方在关键时机做决策。

无论顾客提出什么样的问题，哪怕看起来是非常有攻击性的问题，甚至无理取闹，在做好自我预期管理的同时充分照顾好顾客感受，适当引导，就有机会成交，因为抗拒点就是成交点。顾客愿意透露自己的想法，就是在为我们提供成交的机会。

在线上，和我们对话的都是活生生的，有血有肉充满情感、充满智慧的人，甚至有的还是自己领域的行业专家。我们在对话过程中，结合微信五要素和对话五细节，照顾顾客感受，满足顾客需求，将心比心地对话，就更能获取顾客信任，进而成交。

焱公子

DISC+讲师认证项目A5期毕业生

百万粉丝新媒体人

畅销书《能力突围》作者

扫码加好友

玩转内容
——越懂受众才越能制造爆款

无论是爱立信还是华为,都有一条相同的核心价值观:客户至上。所以,我们交付的服务或产品,一定要匹配甚至超出客户预期,才能让自己始终都有订单。

全网粉丝人数从 0 到了 100 万以后,我越来越意识到,要玩好新媒体,跟如何玩转职场的逻辑,几乎一模一样。缺少用户思维的人,是万万不行的。某种程度上说,你越懂受众,才越能制造爆款。

如果想制造爆款文章,先想清楚以下四个问题:

为何而写?

写给谁看?

读者凭什么看?

你写得好不好,谁说了才算?

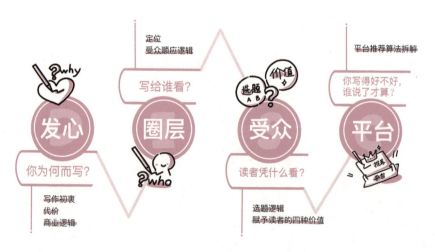

这四个问题,也正符合DISC理论:

为何而写? 这是我们需要考虑的——初心。正如D特质一样,以目标为导向,追求结果。

写给谁看? 这是我们需要考虑的——圈层。正如I特质一样,找到对的人,提升影响力。

读者凭什么看? 这是我们需要考虑的——受众。正如S特质一样,从他人的角度出发。

写得好不好,谁说了才算? 这是我们需要考虑的——平台。正如C特质一样,要善于分析,因平台而异。

为何而写?

我们在下笔前,就要问一问自己:写这篇文章的初心是什么?也就是说,你为何而写?一篇文章的核心立意究竟是什么?它是非常重要的。

本质上来说,它隐含了三个极为关键的问题:

你的写作初衷是什么?

你愿意为此付出多大代价?

你的商业逻辑是什么?

你的写作初衷是什么?

答案五花八门。有人说,听说新媒体赚钱容易,我就想变现;有人说,我想打造线上影响力,提升我的个人品牌传播度;有人说,我想打开一个新的渠道带货,卖产品或者课程;还有人说,我就想表达自己的价值观,寻找我的同伴……

这些答案,完全没有高下之分,但因为初始目标设定不同,需要付出的努力、遇到的困难和挑战,以及最后取得的成效,都将截然不同。

我做出一点成绩后,曾经有不少朋友找到我,表示想学新媒体。他们写诗、写散文,也写小说。我问他们,为什么想学?他们大多数都回答:想让自己的作品被更多人看见,让自己更有影响力之类……

但我认真给他们讲解完新媒体的各种逻辑后,他们的标题依然是《一朵小花》《云上的天空,桥下的你》,诸如此类,特别文艺。然后,直接把他们的诗和散文全部复制、粘贴上去,有的连配图都懒得配,就这样发布了。

结果显而易见,点击数多半不超过十。他们的自尊心因此受到了非常大的伤害,纷纷表示新媒体不玩也罢。这就属于压根没想清楚自己为何玩新媒体,自然更放不下内心的骄傲。

所以,在真正开始之前,一定要想清楚自己的写作初心是什么。

如果是为了变现和商业诉求,我们就应该遵守基本的商业逻辑,踏踏实实找准定位和受众,分析优秀作者,拆解他们到底优秀在哪里,同时不断经由市场反馈验证自己产出的内容。

你愿意为此付出多大代价?

之前有些同学报名参加我的内容变现营,交完钱后一星期才写一篇,有的干脆不写,助教天天督促也没用。过了半个月后,他们来质问我:为什么报了你的营,一点提升都没有?

我就问他们,你去健身房办了张卡,但办完后一次都没去过,你会不会问健身房,为什么我根本不会瘦?太多的人,总是以为交了钱,技能就自动长到了自己身上,这真是大错特错。

很多人认为新媒体门槛低,只要会写字都能应用自如。但是,这样玩新媒体的人,只是新媒体的"搬运工",他们的收益非常有限,也不是真正的新媒体人。

我想告诉大家的是,新媒体,是一个工具,也是一个行业。

如果我们希望经由它扩大自己的业务范围、拓展产品渠道、建立个人影响力,它就是一个工具。如果想通过它持续变现并构建商业版图,它就是一个行业。和餐饮业、服装业和旅游业一样，它有完整的产业链，从业者也需要系统地学习。只有抱持这样的心态，才可能真正玩好新媒体。

前两天，我有个前同事刚好咨询我新媒体的事。他从通信圈出来后，做了一名律师，开了自己的律师事务所。他迫切想要打造自己的影响力，但当听我说完一整套新媒体逻辑后，他直接表示："算了，我还是去考博士吧，本来觉得考博士挺难，听你说完瞬间觉得容易了。"

当然，难或者易，是因人而异的，比如我就会觉得，考博士显然难多了。我更愿意为新媒体付出代价。

什么代价呢？

严格来说，我是从2018年9月才算是真正开始系统进入新媒体。从此，熬夜变成了常态，半夜两三点睡的情况屡屡发生——因为白天实在想不出选题。

我最痛苦的时刻，一般是出差时。因为出差，肯定是有具体的项目要做，但我又不能耽误第二天发文，于是晚上聚餐都只有能推就推。

我也从不跟别人合住，我的理由是自己打呼噜超级响，其实是因为我晚上要写文，我怕别人非要拉着我聊天。

我慢慢发现，这真是一条不归路。一旦开始了，就很难停下来。其实也不能停下来，因为广告主在看着我，读者也在等着我。

但尽管如此，因为热爱，我乐在其中，所以，如果你也想玩新媒体，你愿意为此付出多少代价呢？

你的商业逻辑是什么？

如果真的打算认真玩新媒体，一定要有清晰的商业逻辑，这样才能持续玩下去。

如果主要靠平台流量变现，那么，紧跟平台风向，持续打造爆款，保持多平台分发赚取流量分成，就是你的商业逻辑。

如果主要靠接商务广告变现，那么，保持内容垂直度与鲜明人设，维护好粉丝黏性，确保广告投放的转化率，以便持续让广告主复投，就是你的商业逻辑。

如果主要靠售卖自己的产品、课程变现，那么，注重打造专家人设，持续输出对读者有价值的干货内容,有效将前端内容与后端课程进行无缝衔接,就是你的商业逻辑。

只有一开始就清晰自己的商业逻辑,才能更加有的放矢,更好地设计与把控你的内容。

写给谁看?

我们的内容是写给谁看的?广义来说,即圈层。把它拆解为两个关键问题,就是定位和受众的顺应关系。

定位

基本上,我们至少要考虑两个定位,一个是受众定位,一个是内容定位。而这两者其实又是相辅相成的。

受众定位,可以先基于自己擅长和喜好的,假想一个典型受众群体,比如宝妈群体。接下来,我们还要进一步进行实际受众信息的收集。通过主流平台的后台,是能看到用户年龄段、活跃时间段、点击最高的关键词等信息的。我们需要根据这些信息,不断修正自己的内容方向,以期获得更好的数据表现。

内容定位,又可以细分为四大类。

内容形式:看自己是倾向短内容,还是长内容;是想以图文为主,还是视频为主。

内容方向:自己更愿意写干货,还是情感、奇趣、泛娱乐内容?

领域聚焦:通常来讲,我们需要在自己擅长的领域和受众需要的内容中间,找一个平衡点和交集。如果一味满足受众但自己不喜欢,很难持久;但若自己实际擅长圈层太窄,则很难获得市场认可,信心也会受挫,会出现后劲不足的问题。

内容风格：可以视个人情况，选择轻松、严肃、理性，还是煽情类的文风。比如，我的定位是职场博主，文风主要偏理性冷静。

受众的顺应逻辑

通常来讲，有三种顺应关系：权利顺应、多数顺应和底层顺应。

权利顺应，就是我们写的内容，要优先去顺应那些能决定你收益的受众。例如：今日头条的青云计划。以前获得青云计划奖励的文章，是每月第一篇1000元，其他300元，现在改了，都是300元起，然后根据流量再获得额外提成。

青云文章，是今日头条针对知乎推出的产品，所以对于文章的权威性、信息增量和新颖程度，有相当高的要求。今日头条也专门安排了专业评审，对每天作者提交的大量原创候选文章进行评选。

在这种情况下，为了提高获奖率，我们当然要去顺应那些评委的喜好，毕竟他们直接决定我们得不得奖。

因此，很多读者都在批评青云文章不说人话，可读性一点儿也不强。实际上，作者们自己不知道吗？他们只是在做权利顺应。类似的例子，还有各种投稿，也一样是先顺应编辑，再顺应普通读者。

多数顺应，就是顺应大多数普通读者。这个只要注意一点：其实所谓的多数，完全可以被创造出来，这就涉及我们的选题逻辑。

底层顺应,则是尝试顺应理解力最低的读者。为什么我们看新媒体文章,会发现大多数都是浅显易读的?除了降低阅读门槛,迎合碎片化阅读需求,其实还有一点,就是刻意照顾低理解力的读者。

最厉害的、懂得底层顺应的人,是警察。下图是他们写如何防止电信诈骗的:

六个"一律",八个"凡是",每一点总结得要多到位有多到位。我以前总觉得骗子水平这么低劣,怎么可能有人会被骗?可是现实就是时常有人上当受骗。

玩新媒体时,当我们懂得这三种顺应关系,并能灵活运用,我们的文章才会传播得更广。

读者凭什么看?

拥有高S特质的人,具备很高的共情力和同理心。所以在新媒体写作中,S同样代表换位思考的能力:读者凭什么看?

这其实关乎我们内容的选题逻辑,以及能够赋予读者什么价值。

选题逻辑

对于一篇新媒体文章来说,最核心的部分,是选题。可以说,选题是一篇文章真正的灵魂。

通常来讲,好的选题主要具备三个核心要素:时效性、切口小、圈层广。

时效性。最典型的就是热点文。

比如,2020年初,大家打开任何一个平台,公众号、头条号、微博、网易等,都是疫情类的文章。因为像这样的热点,快速跟进,被传播的可能性会大很多。

当然,追热点本身是有风险的,有时还容易触及红线,所以,我们得非常小心。应多方求证,确认无误再下笔。

切口小。一个令人印象深刻的选题,一定是小而美的,它有具体的指向,基于此,才可能给出具体的建议和指引。

举个例子,《不要去追求完美的人生,缺憾才是美》这个选题好不好?不好。为什么呢?道理是对的,但提法却很虚。作者试图告诉我们:要调整心态,勇于面对自己,接纳自己的不完美,这样才会持续成长。

读者看完,除了点头,还能剩下什么?这叫鸡汤文,食之无味,毫无营养。

切口小,就是不要贪多,踏踏实实聚焦一个点或者一个场景,把它讲透。我举两个育儿领域的例子。

选题1:父母要学会跟孩子做朋友,才能更好地和他相处。

选题2:孩子半夜总是哭闹不止,拿什么拯救妈妈的睡眠?

两个选题,哪个大,哪个小?如果你是年轻父母,你更想看哪一个?我想,答案是不言而喻的。

圈层广。就是前文提到过的,多数顺应。

我们的选题,一定要设法圈住尽量多的人,这样潜在读者才会多。比如之前有个新闻,讲的是一个盲人自学编程,帮助了百万人。我们要如何立选题才能圈住更多的人?直接说盲人程序员的励志故事?大家肯定会想:我又不是盲人,也不是程序员,跟我有什么关系?不看。

我最后用《信息时代,没有怀才不遇。真正努力的人,一定会被看见》这样一个标题几乎圈住了所有有进取心的人。

这篇文在今日头条发布后,阅读量将近50万,也获得了青云奖。

此外,跟读者强相关,也很重要。

前段时间有个读者写了一篇文章,发给我请我点评,他的文章标题为:《江西省2019年前三季度各市GDP:南昌破四千亿领跑,赣州增速最快》。

我看了看他的文章点击量,个位数。原因显而易见,这个标题写得跟财经新闻似的。而且GDP这么宏观的东西,距离普通读者太远了。哪怕写今年猪肉又涨了多少,教你几招既省钱又能在菜市场买到好东西的小妙招,也要受欢迎得多。

所以,吸引人的选题,绝不是高高在上的,一定要低下来,与读者强相关,跟读者站在一起,让他们产生参与感和表达欲。

核心价值

好的选题逻辑背后,其实是赋予读者价值。我总结了一下,一共有三种核心价值:

内容能安抚情绪、缓解焦虑、替人发声,这叫有情绪价值。

内容能提供指引,让受众沿袭参照,甚至拿过来上手即用,这叫有实用价值。

内容能指明商业路径,帮助企业、个人提升品牌影响力,甚至赚到钱,这叫有商业价值。

有价值,别人才会点赞、打赏、转发,从而为我们带来流量和变现的可能。如果你的内容不具备以上任何一种价值,这样的文字,并不具备任何变现力。所以,想玩好新媒体,要始终牢记:放弃作者思维,培养读者思维,充分聚焦你的受众。只有读者认可了我们的内容,内容才有价值。有价值的好内容,才有变现潜力。

你写得好不好,平台说了算

新媒体时代,平台为王。没错,真正从初始就决定你的文章好不好,值不值得推荐给更多人的是平台。

平台认可我们产出的内容,它才具备最基本的传播可能性,哪怕是以社交机制为底层逻辑,粉丝黏性最强的公众号,都在不断调整变更。

如果内容不能精准适配平台调性,哪怕自己认为写得再好,最后也只能孤芳自赏。以最具代表性的今日头条智能推荐算法为例,来跟大家说说何谓平台规则。

今日头条跟公众号最大的不一样是即便没有粉丝,只要内容确实好,标题足够吸引眼球,一样可能成为爆款。因为它算法的底层逻辑是:把好内容推送给最合适的人。

今日头条的内容推荐算法,按照时间顺序可以分为三步走:第一步,关键词抓取;第二步,冷启动;第三步,采集用户反馈。

第一步:关键词抓取。就是系统通过提取标题和内容里相对有标志性的词,来判断这篇文章到底是什么领域的文章。

我之前写过一篇爆品文章,标题是《"34岁,华为8年,公司说不再续约":会抬头看路,才走得更稳》。首先从标题上,系统提取到公司、华为、续约这几个关键词,这显然都是跟职场相关的。而在我的内容里,又多次高频出现老板、员工、辞退等关键词,同样是职场热点,系统立刻就得出结论:这是一篇标准的职场领域文章。

提取关键词并匹配领域后,系统就会基于大数据去找可能对职场、华为、裁员感兴趣的读者。

读者感兴趣,我们的文章被打开的概率才会高,我们的文章才更容易大范围地传播。我这一篇文章在今日头条的阅读量是大于15万,在其他平台的表现也很好,全网数据非常不错。

记住:关键词抓取越精准,推送到对象才越精准。这一点非常重要。

第二步,冷启动。分析完文章关键词,系统要开始推送给用户了。但这时候,系统并不知道这篇文章好不好,所以,会先推给一小撮人试试看效果。

比如,先推荐给1000人。这1000人是系统根据关键词找出来的,有可能是作者的粉丝。由此也能看出,如果关键词模糊,系统分析不出来,就不能进行精准的推送,或者作者的粉丝黏性弱,是通过抽奖、买来的,到这一步就难以为继了,因为系统会基于这1000人的表现,来决定是扩大推荐量,还是收缩甚至停止推荐。

第三步:采集用户反馈。不管在冷启动阶段还是正常推荐阶段,当文章推送给用户时,可能发生下面这几种情况。

第一种,用户看都不看,直接关闭页面,因为不感兴趣。

第二种，用户迫不及待点开，认真读完，觉得文章非常好，还点了赞，甚至留言转发，这是最理想的。

第三种，用户虽然点开了，但读了两段就退出了，因为实在读不下去。

第四种，快速划到文末，给了一句负面评论。

第五种，因为各种原因，直接举报文章。

这些行为，都会被系统记录。如果文章打开率高、滞留时间长、读完率高，获得的正向留言、点赞、转发等数据好，系统会认为这是一篇好文章，值得推荐给更多用户看，就会大力推荐。

这就是今日头条内容推荐的基本原理，了解了它，就会明白如何在今日头条这样的平台写出爆款文章。

在内容为王的今天，想要玩转新媒体，一定要懂得这些诀窍。我们越懂受众，就越能制造爆款，让新媒体成为我们打造个人品牌的利器。

褚丹

DISC+讲师认证项目A5期毕业生

国际高级礼仪培训师

注册高级形象设计师

扫码加好友

优质服务
——提升产品核心竞争力的法宝

当下,产品同质化日趋严重。当一种产品热销后,马上就会有大量同类的商品涌入市场。激烈的市场竞争,容易导致客户流失。如何提升产品的核心竞争力,是每个商家都应该思考的问题。

产品容易复制,服务却难以复制。当我们拥有一支服务力超强的团队时,就可以在市场竞争中拥有强大的竞争力和影响力。

服务的内涵

因为工作原因,王女士经常需要购买职业套装。一天,王女士又准备去她熟悉的那家时装店S店,购买一套新的职业套装。

S店处于一条繁华的商业街,附近有好几家专业定制职业套装的门店。王女士经过时,各门店的销售人员都会热情地叫卖,试图吸引王女士进店消费。王女士不为所动,径直走进S店。

一进门,熟悉王女士的销售人员小李迎了上来,微笑着说:"王姐,好久不见呀!您先坐一下,我给您倒杯水。"王女士喝了一口水说:"我这次来想看一看你们这里有没有特别一点的职业套装,你帮我推荐一下吧。"小李想了一下,从陈列架上取下一款宝蓝色的职业套装说:"王姐,您看这一款,我觉得特别适合您的气质,并且您经常需要搭配丝巾,我特意帮您留了几条,一会我帮您搭配一下,找一条最适合您的丝巾,送给您。"听到这里,王女士满意地笑了笑说:"我每次最头疼的就是搭配丝巾了,你帮我搭配好,那我就更放心了。"

最后,王女士买了两套职业套装。结账后正准备离开时,小李提醒道:"王姐,这两套职业套装平时最好用专门的衣架挂起来,才不容易变形。我帮您准备了两个配套的衣架,您请拿好。"王女士接过衣架,满意地对小李说:"谢谢,你想得真周到啊。"

从以上案例可以看出,王女士是小李的忠实顾客,对她的服务非常满意。作为销售人员,大家都想拥有自己的忠实顾客。那么,在激烈的竞争下,我们如何培养忠实顾客,让他们成为回头客呢?

在找到答案之前,我们先来了解一下,什么是服务。

服务,是从满足顾客的需要出发,以特色制胜。服务的英文是"service",每个字母同时也代表一个含义。

s-smile(微笑)。服务过程中要对每一位顾客提供微笑服务,微笑是内心的真实写照。

e-excellent(出色)。服务,要将每一件细小的事情做到非常出色。不忽视每一份细小的工作,是服务的细致体现,让顾客从细微之处感受到销售人员对顾客的周到。

r-ready(准备好)。服务,要随时准备好为顾客服务,"时刻准备着",要有旺盛的精力,应付各种突发的服务需要。

v-viewing(看待)。服务,要把每一位顾客都看作需要提供特殊照顾的贵宾。服务不是伺候人,是给予人帮助。给予人帮助,有一种高尚感和使命感。

i-inviting(邀请)。在每一次服务结束时,都要邀请顾客下次光临。用优质的服务把"头回客"变成"回头客"。对任何企业来讲,回头客才是企业利润的稳定来源。

c-creating(创造)。每一位销售人员都要精心创造出优质的服务环境及气氛。企业为顾客服务的一致性,为每一位销售人员提供了发挥自己创造力的广阔空间。

e-eye(眼睛)。每一位销售人员都应该用热情好客的眼光关注每一位顾客,预测顾客需求,并及时提供服务,使顾客时刻感受到自己是受关注的。

作为一名销售人员,我们不仅要把产品销售给顾客,还需要提供优质的服务。销售人员,更是一名服务人员。

服务可以分为两种:功能服务和情感服务。

功能服务: 注重事情的本身和结果所提供的服务。

情感服务: 注重对方的感受和情绪所提供的服务。

在上述案例当中,王女士期望得到的功能服务:买到一套有特色的职业套装;期望得到的情感服务:在购买的过程中受尊重、受重视。

王女士买到一套有特色的职业套装并不是一件难事,但是王女士对热情招揽生意的其他时装店的销售人员并不理会,原因是她心目中有自己更为信任的时装店,以及更为信任的销售人员——小李。小李显然非常了解王女士的需求,不仅推荐了合适的套装,更是贴心地为其搭配好合适的丝巾和赠送配套的衣架。

搭配丝巾和赠送衣架是王女士期望以外的服务,也是小李基于对客户信息的了解后所做的个性化服务。在这个过程中,小李的热情微笑,以及见面就有称呼的问候,搭配丝巾并赠送衣架都让王女士感受到了小李对她的尊重以及重视。正是这些服务过程中的种种细节,打动了王女士,使她快速成交并成为小李的忠实客户。

优质服务

优质服务由两个部分组成,第一部分是规范统一化的服务,第二部分是个性差异化的服务。

规范统一化的服务赢得信任

完美的服务首先要做到规范统一。顾客最想得到的是始终如一的服务,这要求我们至少要在顾客的预期范围以内保持稳定的服务质量。专业的服务态度和服务流程,会让顾客感受到被尊重和被重视。

黄女士受客户邀请,入住一家五星级酒店。进入酒店时,黄女士感受到酒店良好的环境以及周到的服务,立刻对酒店产生好感。办理了入住手续后,前台工作人员标准的接待流程和良好的服务形象也让黄女士产生了信任感。

第二天,忙碌了一天的黄女士回到酒店,正准备刷卡进入房间时,发现房卡刷不开门,于是前往前台处理。前台接待黄女士的是一位年轻的服务人员。与其他服务人员不同的是,她的长发并没有盘起来。她找到了房卡打不开门的原因是房卡需要重新制作。在制作过程中,她对黄女士说:"黄女士,非常抱歉,请您稍等,我请领班来帮您制作一下。"黄女士没有说话,但脸上闪现出了不悦的表情。

当黄女士拿到房卡时,已经非常疲惫。事后,黄女士向朋友抱怨:"看起来真的不像是五星级酒店所提供的服务。"

在这个案例中,我们看到,良好的服务流程和服务形象是奠定商家在顾客心目中信任形象的基石。如果服务人员的服务态度和服务质量时好时坏,不仅会影响顾客对服务的评价,还会降低商家和商品的口碑。顾客只有感到满意,才有机会从普通的顾客成为忠实顾客。这是基于信任基础所培养出来的顾客忠诚度。

如果顾客每次在接触商家时,所接受的服务是不同的,顾客将无法分辨商家服务的本来面貌,内心无法产生信任感,自然无法提升满意度。如果某次服务态度远超顾客的预期,顾客的满意度就一定会高吗?不一定。顾客在庆幸自己获得良好服务的同时,也会对之前所获得的服务质量产生怀疑。

如果没有经过严格的训练,即使是同一位服务人员,当他处于不同状态时,服务质量也会有所差别。比如,在精力充沛的早晨和筋疲力尽的傍晚,声音大小、声调的高低等都会有所不同。

所以,服务标准的规范统一是非常重要的。操作流程的各个环节都应标准、规范。这不仅代表一种专业的服务态度,更是对服务对象的一种尊重。

规范统一的服务标准有助于商家快速塑造良好的服务形象,奠定良好的信任基础,进而为后续的成交或者二次消费创造更大的可能。

个性差异化的服务促进成交

仅仅有规范统一的服务不足以打动顾客,还需要结合有温度的个性差异化服务来俘获顾客的心,从而快速促进成交,或者达成二次消费,真正把"头回客"变成"回头客"。

一天,陈先生来到经常光顾的水果店,准备买点水果。

店长马上上前迎接,并给陈先生推荐了一款冬枣,说:"陈先生,这是今天到的新鲜冬枣,非常甜,非常好吃。"陈先生摇了摇头说:"我给我太太买的,她刚怀孕,不爱吃甜的,现在就爱吃酸的。"然后离开了水果店。

第二天,陈先生又来到了这家水果店。店长马上上前迎接,又为陈先生推荐了一款橙子,说:"陈先生,这是今天到的新鲜橙子,是酸的哦。"陈先生又摇了摇头说:"我太太刚好今天不在家,我帮我老板买的,他说要吃甜的枣子。"然后离开了水果店。

这个案例告诉我们,不同的顾客有不同的需求,而同一位顾客,在不同的时间段也可能有不同的需求。要打动顾客,快速促进成交,需要我们洞悉顾客的真实需求,提供个性化服务,满足甚至超越顾客的期望值。

再来看一个案例:

刘先生准备在自己熟悉的A店宴请四位朋友。

选择A店的原因有以下三点:一,菜品有特色;二,店内环境优雅、干净卫生;三,在同范围内的竞品餐饮门店中,A店的服务让自己感到最满意。

刘先生和朋友来到这家餐厅后,开始点菜。刘先生点了一道主菜时,点菜员补充说:"刘先生,这道菜是我们的招牌特色菜,分量会有一点大。"刘先生听完后点了点头,接着又点了另一道菜,点菜员又补充说:"刘先生,这道菜是需要现炖的,所以上菜会有一点慢。"刘先生听完后表示可以等待,没有问题。

确认完订单后,刘先生以为点菜员会马上下单,没想到点菜员又补充了一点:

"刘先生,因为你们一共是五位用餐,特色菜的分量也有一点大,目前点了六道菜和三种特色小吃,可能会吃不完,建议您可以减少一道菜。"

刘先生觉得点菜员建议得非常好,和朋友讨论后,减了一道菜。刘先生和朋友们纷纷表示下次还要来这里用餐。

顾客的需求分三个层级,分别是:基本需求、心理需求和潜在需求。

上述案例中,刘先生的基本需求是:到了吃饭的时间,自己和四位朋友都饿了,需要吃饭。

满足了基本需求的同时,他的心理需求是否得到了满足呢?在宴请的同时,他还希望这个饭店环境整洁、干净舒适、装修高档、味美价廉等。

潜在需求不容易察觉。刘先生点菜时,点菜员发现菜品数量有点多,并且其中一个菜分量特别大,结合用餐的人数,于是建议可以减掉一道菜。这是点菜员根据以往的工作经验发现了刘先生的潜在需求,并且觉察到他不方便表达,便主动提出。看似简单的一句话,让刘先生觉得这位服务人员的服务意识非常强,很为他着想。所以,这也是刘先生成为这家餐厅忠实顾客的重要原因。

潜在需求,顾名思义,就是没有表露出来的需求,有时候甚至是顾客都没有意识到的需求。当潜在需求被满足时,就会让顾客非常满意,愿意多次光顾。

在同样的菜品质量和餐厅环境的情况下,不同的服务,将会影响顾客是否成为回头客。第一种,任凭顾客自己点菜;第二种,顾客点多的情况下,提醒顾客,并推荐合理的菜品数量。

不言而喻,大部分顾客都会选择提供第二种服务的餐厅。因为服务人员不仅在销售产品,更重要的是他是站在顾客的角度去服务。

销售服务的四种解决方案

对于不同的行业和服务场景,顾客会有不同的心理需求和潜在需求。

一千个人心中有一千个哈姆雷特,觉察顾客的潜在需求并不是一件容易的事情。在提倡个性化需求的今天,如果能根据顾客不同的行为风格,发现其个性化需求,并提供服务,必将提高顾客的满意度。

这就需要服务人员具备人际敏感度:在短时间内通过观察对方的穿着打扮、言行举止、处世方式等来判断对方的行为风格,并根据不同的行为风格提供对应的服务,获得对方的肯定,以此为基础进行下一步的销售工作。

DISC 理论可以帮助我们提升人际敏感度。我们可以根据该理论,为不同行为风格的顾客,提供不同的服务,进而提升我们的成交率。

D 特质顾客

如果顾客直奔商品区进行选购,说明这名顾客目的性非常强,行事风格非常直接,给人一定的压迫感,所呈现出来的是 D 特质。

D 特质顾客的特点:直接、独断,有自信,没有耐心,目标明确,凡事讲道理,不容易接受别人的意见,会给人压迫感。

中午,家电卖场进来一位 A 女士,她身穿一套灰色职业套装,脚底却穿着一双休闲鞋,左手拎着一个公文包,手腕上戴着一只硕大的运动手表,右手则拿着还没喝完的咖啡。

门口迎宾人员看见 A 女士,马上欢迎说:"您好,欢迎光临,很高兴为您服务。" A 女士停下脚步,但并没有回应迎宾人员,眼睛快速巡视了一眼卖场,目光停在了大型家电区,快速朝那里走去。

A 女士走到一台滚筒洗衣机面前停了下来,导购员马上上前询问:"请问有什么需要帮助的?"她马上说:"我需要一台有烘干功能的洗衣机,并且能够快速洗衣,容量大概是4~5人的日常衣物。除此之外,我需要能够快速安装,最晚明天就能送货上门,并安装好。"

导购员马上根据 A 女士的要求推荐了两款符合要求的洗衣机供她选择,最后 A 女士通过简单的对比选择了其中一款,约定好送货时间就直接离开了卖场。

以上案例中,我们可以通过以下几点来判断 A 女士是 D 特质顾客:从时间来看,A 女士进来的时间是中午,手里还拿着没喝完的咖啡,证明她是中午吃饭的时间抽空来选购产品的;从形象来看,她身穿彰显权威的灰色职业套装,搭配一双休闲鞋,代表她更关注速度,要在短时间内快速处理多项事情;手里的公文包和硕大的运动手表,都在告诉大家:我很忙。

A 女士进入卖场,对于迎宾人员的问候,没有给出任何回应。因为对于她来说,目标以外的事情,都是浪费时间。她的目标是买一台符合要求的洗衣机,所以进入卖场的第一件事情就是用目光搜索确定目标。A 女士自信又独断,在与导购员沟通的过程中,A 女士丝毫不含蓄,一次性说出了自己所有的要求。显然,她是不太有耐心慢慢沟通的,直截了当。导购员快速回应,并给予有效建议,为 A 女士节省了时间,这是对 D 特质顾客的一种尊重。

D 特质顾客购买时的表现:

购买的速度很快。

凡事重效益、产能及速度和成本。

喜欢掌握最后的决策权。

所以,和 D 特质顾客沟通时,不用纠结他们有没有回应我们良好的态度,关键是帮助他们找到产品。千万要记住,不要据理力争,这完全是吃力又不讨好的事。他们常常会有以下表现:

直言不讳,不但咄咄逼人,可能脸部表情也不会好看。

如有不满,会立即要求借助权威来解决,如"找你们主管来""我要请律师或消协来处理"。

没有耐心,声音及气势往往会给服务人员莫大的压力。

此时,服务人员要根据顾客的行为风格,调整服务方式,按照对方所需要的方式来为对方服务:

节奏较快。

节省时间,省去不必要的手续。

展示立即改善的成果。

让顾客主导整个过程。

勇于道歉与感谢,让过程更加顺利。

I 特质顾客

向顾客问好之后,观察其反应。如果顾客热情地回应说:"嗨,嗨,你好。"甚至主动攀谈起来,说明这位顾客重感觉,爱交流,呈现出来的是 I 特质。

I 特质顾客的特点:重感觉、情绪起伏大;乐观,不喜欢烦琐的事情,口才很好、擅长于说服别人;喜欢新鲜事物,乐于享受。

王太太和两位朋友边说边笑走进一家钟表店,一进门销售人员迎上说:"您好,欢迎光临,很高兴为您服务。请问有什么需要帮助的?"王太太笑着说:"我们想看一看男士手表,你带我们看看吧。"

销售人员把王太太和她的朋友引领到男士手表柜台,一边指引一边询问:"请问您是给多大年龄的男士购买呢?"王太太回答:"我给我先生买的,他不到四十,我想买年轻一点的款式,下周就是他生日了,想给他一个惊喜。"销售人员笑着回答:"您跟您先生感情真好。这有一款蓝色底盘带12颗钻、皮质表带款,款式具有活力,蓝色底盘显得低调,12颗钻也能体现出一定的品位和质感。"

王太太看了看,非常喜欢,手表握在手里,但忍不住又往柜台里扫视了一眼,似乎想看看有没有哪一款能把它比下去。这时,她的眼睛停留在一款金属表带、银色底盘,无钻但看起来非常闪耀的手表上,她转头对朋友说:"你们觉得这款怎么样?"销售人员一边取出手表,一边说:"您眼光真好,这一款名叫'满天星',是知名设计师设计的,全球限量一千零一块,我们这个地区,仅有一块,只有我们店有。"

王太太边听边把手表戴在自己的手腕上,一边欣赏,一边展示给朋友们看。当朋友们也都表示手表非常合适时,王太太毫不犹豫地买了下来。

以上案例中,我们可以通过以下几点来判断王太太是I特质顾客:和朋友们边说边笑;回应销售人员时,很热情,而且愿意主动沟通。

I特质顾客出场总是动静很大,人未至,声已到。他们重视沟通。在王太太购买手表的过程中,当销售人员介绍这是一款"全球限量"、知名设计师所设计的手表、本地区仅有一块时,她立刻被吸引了。因为对于I特质顾客来说,新鲜事物,或者是有明星效应的产品,会让他们产生购买的欲望。最后,当王太太把手表戴在手上时,朋友们赞赏的眼光,让她毫不犹豫地买下了。

I特质顾客购买时的表现:

冲动购物,往往克制不了购买的欲望。

喜欢热闹的气氛。

重视产品有没有知名人士使用。

很重视与服务人员沟通的感觉。

如果能服务好这类顾客,他们会带来不错的销售额甚至新顾客。他们常常会有以下表现:

个性很直,不喜欢被人欺骗。

情绪起伏大,并且乐意表达。

选择性地接收信息,会自动排斥不想听的部分。

偏爱享受个性化的服务。

此时,服务人员要根据顾客的行为风格,调整服务方式,按照对方所需要的方式来为对方服务:

重视他们所碰到的状况,千万不能不理不睬。

如果能够立即改善或缓和的问题,不要拖。

认同他们的问题,表示已向公司或厂商反映。

保持温暖、关心与热情的笑容。

不要试着在言语上胜过他们。

随时赞赏他们是难得的顾客。

S特质顾客

向顾客问好之后,观察其反应。如果对方带着微笑回应说:"你好。"或者点头示意,对于销售人员所提供的服务给予非常礼貌客气的回应,但又不显得夸张,比较重和谐,说明对方是S特质顾客。

S特质顾客的特点:稳健,不容易生气;重和谐,很有耐心;不善于表达;是良好的倾听者;设身处地为他人着想;重保证,喜欢新鲜事物,乐于享受。

陈女士准备邀请好友杜女士吃饭,于是询问杜女士是中午还是晚上方便。杜女士说:"都行。"陈女士根据自己的时间计划了晚上一起用餐。

两人碰面后，陈女士又询问杜女士："你想吃点什么呢？"杜女士回答说："随便。"陈女士想了想，推荐了附近的一家火锅餐厅。

来到火锅餐厅，陈女士邀请杜女士来点菜，杜女士看了菜单后，对于锅底的选择犹豫不决。这时，点菜员建议说："如果不知道选择哪一种，建议点一个鸳鸯锅底。"杜女士赞同，但对于鸳鸯锅底里的两个口味又开始纠结，她把眼光投向了陈女士，希望由她来决定。点菜员建议说："可以点一个微辣口味，另一个选择美容养颜汤，女士都很喜欢。"杜女士按照点菜员的建议点了锅底的口味和几道特色菜。

以上案例中，我们可以通过以下几点来判断杜女士是S特质顾客：愿意迁就他人，委婉地表达，不愿意和别人发生冲突。

S特质顾客最大的特点就是没有特点，他们比较有耐心，愿意倾听别人的意见，却不善于表达自己的想法。当陈女士多次询问杜女士的想法时，杜女士的回答都是"随便"。如果需要S特质顾客来做选择，他们会非常犹豫，因为他们常常替别人着想，愿意倾听别人的想法。

S特质顾客购买时的表现：

喜欢为别人，特别是家人买东西，很少主动为自己买东西。

很有耐心地倾听介绍。

常常需要询问别人的意见和看法。

做决策需要的时间稍长。

由于这类顾客比较好说话，所以在忙碌时很容易被忽略，如果能给予对方足够的耐心和关注度，就能得到他们的信任，使他们成为忠实顾客。他们常常会有以下表现：

不会在公共场合咆哮、与人争执。

态度温和、客气地表达他们的问题，有时甚至会委屈自己。

有时会拖延，甚至不了了之。

如有不愉快，会利用时间慢慢淡忘。

关心家人以及产品的后续使用情况。

此时，服务人员要根据顾客的行为风格，调整服务方式，按照对方所需要的方式来为对方服务：

再次提醒产品或服务应注意的事项。

不要推卸责任，要很有耐心地倾听。

保持联络，了解使用情况。

承诺类似问题不会再发生。

C 特质顾客

向顾客问好之后，观察对方反应。如果对方并不给予明显的回应，而是专注于了解产品，提出关于产品方面的问题，并要求销售服务人员给予多维度的解答，很关注细节，要求精准，那么可以判断对方是 C 特质顾客。

C 特质顾客的特点：谨慎，完美主义，重程序和流程，重逻辑、要求精准，喜欢提问题，喜欢用数据说话。

杨先生进入一家手机专卖店，导购员马上欢迎说："您好，欢迎光临，很高兴为您服务。"杨先生并没有回应，而是继续往前走。导购员继续询问："请问有什么需要帮助的？"杨先生表示自己需要购买手机。导购员为杨先生推荐了最新款的商务手机。

杨先生拿起手机试用了几项功能，询问导购员："这款手机前置摄像头和后置摄像头的像素分别是多少？"导购员回答后，杨先生又问："这款手机的内存是多少？充电需要多长的时间？待机时间又能保持多久……"一连串提出了七八个问题。

杨先生听完所有的介绍后，还是紧锁眉头，又询问道："这款手机如果坏了，保修期是多久？保修过程中产生的费用是厂家负责还是自己负责？"导购员把购买承诺书拿出来给杨先生看，并承诺了售后的相关服务。杨先生看了看承诺书，然后才去购买，并要求开具发票。

以上案例中,我们可以通过以下几点来判断杨先生是 C 特质顾客:面部表情少,不会主动搭讪;关注细节,常常会问"为什么";提出的问题,希望能得到专业的答复。

C 特质顾客在购买过程中追求专业,希望通过数据来了解产品。他们比较谨慎,一般会在付款前了解清楚所有的问题。他们非常注重程序,如果不按规则进行,会让他们觉得不够专业或者没有安全感。购买前,他们会做很多比较,甚至有点挑剔,购买的过程会比较长,不会马上做决定购买。购买后,他们希望得到相关的承诺以及保证,甚至会非常细致地研究说明书以及承诺书。

C 特质顾客购买时的表现:

不会很快做出购买决定。

购买前会货比三家。

详细了解细节,看使用说明书。

重视保证与售后服务。

理性消费,比较少冲动购物。

这类顾客看起来比较难服务,但只要足够专业,一定能打动他们,促成购买。他们常常会有以下表现:

比较低调,有情绪不会写在脸上,有想法也不会及时表达。

有自己的主见和想法。

不会首先发难或抱怨,会看周遭情况是否对自己有利,一旦好的时机出现后,会立即提出证据来证明。

作风低调,即使买了也不容易大声张扬。

此时,服务人员要根据顾客的行为风格,调整服务方式,按照对方所需要的方式来为对方服务:

肯定他们的想法。

向他们解释过程及细节。

对于他们的专业及缜密,表示肯定与赞赏。

回应他们所关心的每个问题。

给他们留面子。

很多人在服务顾客的过程中会遇到挫折,怕顾客不好接近或者很挑剔,又怕遇到过于热情的顾客浪费自己的时间等。人与人是不同的,当我们遇到事情的时候,至少有四种解决方案,我们永远是有选择的。

在服务顾客的过程中,通过细心观察,了解顾客的行为风格,并调整自己的服务方式,就能为顾客提供优质的服务,从而提升核心竞争力。

第四章

让培训更闪耀

郑耀波

DISC国际双证班第64期毕业生

中国电信贵州公司培训中心资深培训与发展经理

西南政法大学法学学士

贵州大学工商管理硕士

扫码加好友

培训策划
——效能呈现九宫格

培训,作为人才培养的重要手段,得到越来越多企业的重视和认同。定位为集团企业大学的中国电信学院,培训规模也在快速扩大,多个子公司相继设立培训中心,并陆续建立培训基地。集团面向各级管理人员、专业人才、业务能手、青年员工的全国性、区域性培训越来越多;内训师规模快速扩大、内训体系逐渐完善。

在此过程中,各省电信的联络和沟通更加深入。培训主管之间会有很多正式、非正式的交流和探讨。我们经常说到的一个难题,就是培训效果评估。这在培训行业也是一个由来已久的难题,始终难以找到有效的解决方法。

近年来,实战类培训快速兴起,掀起了一股"训战结合"的潮流,为如何开展"结果层"评估带来了新的启发和思路。但是,并不是所有的培训都适用"训战结合"。因此,让我们在此基础上进一步思考和延展,对如何有效开展"结果层"评估进行探讨。

需求还是线索? 培训主管的日常

作为培训的主管,我常常收到来自各个子公司、一线团队、业务部门的各种培

训需求,比如:

"我们要做个培训了,特别急,这是领导要求的。下个月就要启动,你赶紧给我们支撑一下。"

"这个项目就是我们今年的重点,我们非常迫切地需要把培训组织起来!"

"一线团队能力不足,工作推进严重滞后。我们迫切地需要提升,要赶紧培训一下!"

"我们决定要做一个顺产合一的培训,除了理论课还要加两天的实战安排,你赶紧帮我们做个方案吧!"

以上的情景,是否很熟悉? 问题来了:以上四句话是培训需求吗?

从培训管理的专业角度来看,它们还不能算是完整、准确的培训需求,严格来说只是培训的"线索"。

完整、准确的培训需求,包括几个非常重要的基本问题:培训对象、培训目标、培训内容、培训形式等等。培训部门对培训需求的准确分析非常重要,它是培训管理流程的第一个环节,也是后续各环节的基础。如果有所忽略甚至出现偏差,随后所有的工作都会受到影响,培训效果也会大打折扣。

迫于业务的紧急性,相关部门因为急于"开展培训",很难给予培训部门充分的时间去做细致的沟通和深入的探寻,只要求培训部门赶紧把培训做起来。于是,培训人员常常处于四处救火的尴尬境地。

最后的结果是:任何工作成效都不理想,一定有一条原因是"培训不到位";如果成效好,则是业务部门部署及时、指挥得当、一线员工奋战不懈……没有培训什么事,能在汇报时带一句"培训效果不错"就已经是难能可贵的了。

至于培训课程是不是匹配培训对象的需要、人员的能力有没有实际的提升、绩效的差距有没有缩小? 这些问题常常不会得到深究。

培训对于业务部门、对于企业来讲,价值在哪里? 培训工作对企业的重要性如何体现? 好的培训应该是怎样的? 如何有效呈现培训效果? 这一个个问题,成了我们心中深深的迷思。

用 DISC 四维视角探索培训成效

DISC 是一套行为特质分析的专业模型。用"关注事/关注人""行动快/行动慢"两个维度,区分 D、I、S、C 四种典型风格,每种风格的关注点各有侧重,也可以看作四种典型视角。我们结合 DISC 这四种不同视角分析四个"探索模块",来探讨"培训效果"。

D 型视角:关注事、行动快。目标明确、注重实干。对应第一个探索模块:关注业绩成果。

C 型视角:关注事、行动慢。深入分析、细致严谨。对应第二个探索模块:查找根本原因。

I 型视角:关注人、行动快。重视个体、关注人群。对应第三个探索模块:找准培训对象。

S 型视角:关注人、行动慢。耐心稳健、包容体贴。对应第四个探索模块:评估培训效果。

D 型视角：关注业绩成果

培训效果，简单来说就是看培训有没有达成预期的目标。柯氏四级评估法是非常经典并广泛应用至今的理论模式。它细致地划分了培训评估的四个层次：反应层、学习层、行为层、结果层。

其中，反应层就是通常所说的"满意度评估"。培训结束后，培训组织方都会发一张调查问卷，或者电子问卷二维码，请学员填写反馈评价。对于企业培训而言，除学员外，还有更多的反馈维度，包括：需求部门、人力部门和培训供应商。

"永远满意"的学员反馈。学员满不满意是最为常用的评估方式。但其最大的局限是：几乎所有问卷评估的结果都在"满意"之上。学员出于友善和礼貌的习惯，一般不太会给差评。

雾里看花的需求部门评价。在培训结束后，人力资源部门会去询问需求部门的评价，比如：这次培训效果怎么样、有没有达到你们的要求、老师如何、现场管理好不好，学员的反应怎么样、能力有没有提升等。然而，通常都会得到比较模糊的答复，比如：还不错、挺好的。实际上，需求部门的主管未必有时间全程参与培训，有的甚至只在开班和结束时出现一下。所以这样的反馈不仅模糊，而且可靠度往往并不高。

资源有限的人力部门评估。人力部门（或者说培训主管部门）自己的评价，往往是最为专业的。培训主管熟悉培训管理的流程和工具、具备丰富的实施经验，可以更客观地评估供应商匹配的课程和老师是否达到要求、培训组织实施是否规范，有时间还会跟现场学员聊聊，收集学员的评价和反馈。遗憾的是，人力部门人员有限，不可能做到每个项目都全程参与。

"为自己代言"的培训供应商报告。培训供应商做完了培训以后，一般也会提供一份项目总结材料，包括培训过程回顾、项目成果汇总、场景过程照片等。这种"自我评价"可想而知，最终评价当然是好的。

什么样的培训成果，可以叫"达成预期"？这个问题对培训管理者提出了高难度挑战：如何从关注过程转向关注结果。

我们有个误区，认为"培训成果"就是培训的过程。这四类雾里看花的"成果"

包括——

第一类:过程化成果。我们今年办了场培训,培训了××课程、覆盖××相关的人员,帮助某某团队学习了知识,帮助某某团队提升了能力……这些全部是过程性的描述,并不是可衡量的成果。

第二类:形式化成果。常见于培训供应商提交的项目成果总结报告。他们往往使用这样的描述:掌握了一套方法,留下了一套工具,提升了某项技能,等等。给的方法可能只是理论上的,工具可能只是表格和模板,至于技能提升更是非常模糊。原来的技能如何,培训后提升了多少,怎样验证技能有没有提升?这些成果都是不清不楚、难以评估和验证的。

第三类:会议式成果。以会代训是把会议跟培训结合在一起的常见方式,其性质更接近于会议而非培训。对于成果常见这样的描述:传达了什么样的政策和要求,明确了什么样的规范和标准,部署了什么样的工作。这些成果,其实与培训关系不大。

第四类:纯学习成果。常见于各种经验分享和交流。比如:学习了××管理理论、邀请了××单位分享经验,或者引进了一套经典工具等。这样的成果,很容易陷入"为学习而学习",学完就完,缺乏对后续应用的跟进。比如:学到别人的经验之后,要不要形成我们自己的改进方案?学到的理论和工具,要不要对实际工作形成要求和规范?如果没有这些应用和改进的要求,就变成了"以成长的感觉取代成果的获得"。

如果我们对培训成果定义不清,培训效果评估就会陷入困境。如果不弄清楚"什么样的培训叫达到了预期",甚至对"取得怎样的成果"提不出明确的要求,那么效果评估要从何谈起?流于形式也就成了必然。

如何让培训更有成效?最关键的两个字就是"成效"。只有先定义清楚"什么是培训的成效",找准前进的方向,我们才能靠近目标。

我们需要转变关注过程的习惯,开始有意识地运用 D 特质关注结果。通过思考、调研、分析,和业务部门共同探讨,找到衡量培训成效的结果性指标。这些指标应当是能够量化的,这样才可评估、可验证。

在企业的环境中,培训通常定位为:支撑业务发展的辅助措施。如果想让业务部门认可培训的价值,让企业认可培训的价值,让管理层看到培训的成效,有效的做法就是把培训成效跟业绩成果进行关联。

影响业绩的因素很多,有市场因素、竞争因素、行业因素、消费者习惯变化等等。诸多因素中,想把培训因素单独拿出来分析是难度极高的。如何才能把培训成效与业绩成果关联起来呢?简单有效的做法是:场景化。

培训需求往往都源于业务需求。如果我们回归到培训对象的工作场景、聚焦一线实操的业务场景,就很容易找到培训与业务的连接点。这也是本文核心的工具模型:效能呈现九宫格。我用三个核心问题定义培训成效,再将每个核心问题细分为三个层次的小模块,帮助我们抽丝剥茧,找到培训与业务的连接点。

C型视角:深挖根本原因

培训需求分析是培训管理标准流程的第一步。核心是找到"为什么要做培训"这一问题的答案。最常见的培训需求来自两个差距:预期业绩与现实业绩的差距、岗位能力要求与员工当前能力的差距。找到差距所在,也就找到了需求背后的问题。

我一开始列举的一些业务部门提出培训需求的场景,描述的都是一些表面问题,所以只是"线索"而非"需求"。关于培训需求的"问题",有着单一与复杂、表层与深层的区分。需要对表层问题进行深入探寻,才能找到需求。

表层问题:一线人员对产品不熟悉不了解;深挖问题:当前了解到什么程度,怎样才算熟悉和了解产品?

表层问题:分公司对新产品营销的组织支撑不到位;深挖问题:做到什么程度叫到位?当前营销进度如何、落后多少?

表层问题:客户经理销售技能不熟练;深挖问题:销售技能如何评价?当前处于怎样的水平?达到什么水平算熟练?

就像看病一样,培训也要通过"望、闻、问、切"找到真正需要解决的问题,找准病根才能对症下药。

既然把培训需求分析比作看病/诊断,那么培训对象、培训主管部门和业务部门各自承担什么角色?正确的回答是:业务部门是医生,培训主管部门是主任医师,病人是培训面向的人群,即培训对象。业务部门基于特定人群的业绩或能力差距,而提出培训需求。培训主管部门审核培训需求、帮助业务部门深挖根本原因、找到根本问题,就像主任医师监督、指导医生诊断,并在遇到疑难杂症时协同会诊。

明确了主任医师、医生和病人三种角色,我们就可以用一系列的提问来探询具体的业务情景,深挖背后的问题、找准病因。

例如:是什么事让你发现这些人需要培训?你看到了怎样的现象?你认为他们存在什么问题?你最不满意的是哪些地方……

简单来说就是:为什么要对培训对象进行培训?一定是因为对培训对象某些方面的业绩表现不满意,希望培训对象有所改善和提升,比如效率更高、服务更好、操作更规范……找到问题后,就可以有针对性地匹配培训内容。

I型视角:找准培训对象

I型视角,可以帮助我们更好地聚焦关键人群、找准培训对象。为了避免遗漏,最好先列出所有的相关人群,再逐步分析。以下三个问题可以帮助我们定位关键人群:

谁是关键人?当我们找到了问题和关键原因后,就能很容易地列出相关岗位人员。其中,一定有一两个群体的行为对问题的出现有直接影响,或者掌握着问题解决的关键控制环节,他们即解决这个问题的最主要的关键群体。可能还会有另外一些群体,对问题的解决起一定的辅助支撑作用,但他们不是关键群体。

他们该怎么做?假设某个问题需要A、B两人共同努力才能解决,缺一不可,那么A和B都是关键人。接下来的问题是,需要A怎么做、B怎么做。

这一步骤的重点和难点是:要尽可能明确解决问题的举措,以及对关键人行为改变的具体要求,就他们如何调整和改进提出建议。

如何检验?人不是机器。人的行为改变并不是提出要求就一定能实现的。后续的跟踪、监督和检验非常重要。无法检验的要求,相当于没有要求。如何检验对方有没有改变,改变有没有达到要求,改变之后有没有取得效果(问题得以改善或解决),以及改变后有没有产生新的问题,这些都是需要我们去考虑的。

比如，有很多培训的目标是：让学员掌握某种知识。凡是以知识掌握为目标的培训，有两种常用的检验方法。一种是让学员现场说一遍，看看内容是否完整、清晰、准确；老师也可以提几个问题，看学员能不能回答上来。采用这种方式，老师的时间成本会比较高。通常一次只能检验一名学员，一天能够检查和辅导的人数十分有限。另一种的效率高得多，但是基本没有辅导的机会，就是考试，线上或线下均可以。请老师整理课程的关键知识点，出好试卷，在课程结束前让学员做一做，看一下成绩。

再举个例子，如果培训目标是提升××技能。怎么样去评估学员的技能有没有提升呢？其实很难。我们需要探询和查找，找出"是什么事/现象，让你觉得培训对象需要提升这项技能"。比如，是他拜访客户的成功率太低？还是电话外呼的成功率太低？深入到具体的工作场景中，找出真正的问题所在，确立评估和检验的方式。

S型视角：共创效能评估

在效能评估环节，最重要的并不是指标数据的精确程度，而是培训主管与业务主管充分沟通、研讨共创的过程。所以在行为风格上，也更需要展现S型风格的温和包容，而非C型风格的严谨细致。

效能评估本就是难度最高的一种培训评估方式。在设定效能指标时，不仅需要和业务主管充分沟通和协商一致，而且还要具备较高的包容度。计划总是赶不上变化，尤其是在创新领域。即使指标设定得非常好，最后拿到的数据也不一定能够达到令人满意的程度。培训主管要有足够的耐心和包容度，跟业务主管一起持续地尝试、探索、完善和调整，逐步找到有效的方式。效能评估分为以下几个步骤。

第一步，提出绩效期望。绩效期望是关于问题解决之后的理想状态预期，表现为业绩达到预期，或者人员工作能力提升达到岗位要求。本步骤需要明确的是，希望业绩提升到什么程度，希望培训对象的能力提升到什么程度。

如果找到的问题具体而细微，比如某个岗位的人员在执行某项工作的时候，有几个具体动作需要调整。我们可以在此基础上进一步延伸思考：假如这几个动作都规范到位，对工作业绩或客户满意度或产品质量会有怎样的改变和提升。

第二步，锚定现状指标。既然要对培训前后的业绩变化进行比较和评估，就需要先取得量化指标的当前数据，摸清现状是设定预期目标的基石。根据上一步骤中提出的业绩变化期望，找到跟问题密切关联的业绩指标。

比如，对客户满意度、投诉率、产品合格率、销售业绩等某一方面造成影响，对应的指标可能会是：当前的满意度如何、根据年度计划投诉率和产品合格率应该达到多少、销售业绩差距有多少等等。通过这些指标，就可以量化并且标定现状，同时也作为培训后评估成效的对比指标。

第三步，设定效能指标。设定完评估指标，并提取现状指标之后，我们就来到了最后的关卡：设定期望指标。这一步可以分为明确目标和设定指标两个小步骤。

目标代表的是我们想要达成的效果，是一个相对模糊的描述，不够清晰和具体，更像是一个方向。比如：下一步工作改进的方向、期望企业发展和提升的方向、希望员工能力成长的方向等等。指标则是对目标的量化和细化，帮我们判定目标达成与否、当前进度如何。

以外出旅行为例，目的地为九寨沟，指标可能就是路上经过的收费站或者跨省交界的提示牌，告诉我们离目的地的距离，让我们了解当前的进度。这样的阶段性标志，就是我们所要找到的指标。

以"外呼销售培训"为例。假设培训前我们发现的问题是"外呼人员对产品知识了解不够，同时外呼话术技巧有待提升"，这个问题会影响外呼成功率、接通率、签约率等几项指标。首先，明确期望：如果问题解决了，希望看到外呼成功率、接通率、签约率等几项指标提升。接下来，分析现状：对当前的外呼成功率、接通率、签约率进行提取。然后，开始设定目标：通过外呼销售培训帮助话务员详细了解产品知识，并运用话术模板提升外呼技巧，提升外呼成功率、接通率、签约率等。最后，明确指标：根据现状数值，我们希望这几个指标在什么时间内提升多少。

需要强调的是，这里的指标期望值不同于业绩考核的目标值。仅用于对培训效能进行评估，而不是用于关联业绩考核。因此在设计指标的过程中，业务部门不必有过多的顾虑，也不必担心指标完不成会怎样。一方面我们会跟业务部门共同探讨指标，另一方面指标可以根据项目进展灵活调整。指标完成情况不会用于考

第四章 让培训更闪耀

核(因为公司已经有业绩考核机制),所以目标值设定高一点还是低一点并不重要。重点在于通过设定目标和指标,让我们能够用一种直观的方式来测量、分析和评价培训的真实效果。

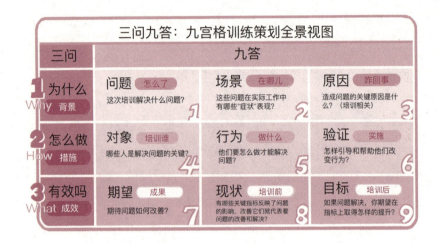

效能呈现九宫格中,三个核心问题如下。

第一个问题:为什么要做这样一次培训。通过深入分析培训需求,找到表面需求背后需要解决的根本问题,并进一步深挖原因、找到症结。

第二个问题:如何组织实施此次培训。关注解决问题的路径。重点关注"人"的因素。培训不能解决所有的问题,但可以从知识、态度、技能三方面去改善"人"的问题。在这条路径中,我们要找到影响问题的关键人群,明确行为改进的具体要求,并设定好跟踪和检验方式。

第三个问题:此次培训是否有效。它是最重要的核心问题,也是整体培训策划和评估的出发点。我们针对问题提出改进期望,从问题对业绩的影响出发,找到能够体现培训成果的量化指标,随后锚定现状、明确方向并设定目标值。有了这些指标和数据,培训效果的量化评估就具备了可操作性。

俗话说:十年树木,百年树人。从企业战略发展、人才培养与储备的长远视角来看,培训的价值远不是短期业绩上的指标和数字可以体现的,但是对于公司运营而言，管理者最关注的必然是业绩指标。如果想让业务部门充分认可培训的价值，想让企业管理者更加直观地感受到培训的价值，就需要把人才培养的长期价值与业绩促进的短期价值有机结合起来，让培训成效变得更加清晰、具体、可见。正如苏格拉底所说："教育不是灌输，而是点燃火焰。"

潘洋

DISC国际双证班第88期毕业生
PPT演绎策划师
AACTP全国微课大赛全国总冠军
喜马拉雅冠军课程策划人

扫码加好友

演绎呈现
——用导演思维打造极致PPT

怀着忐忑的心情，新员工小华将打印好的一摞课程方案计划书递交给主管，正襟危坐地等待他的回复。

良久，主管抬起头，和缓地说道："思路还行，有些亮点，你把这个计划书整理成PPT，周五试讲一下吧。"

小华心中一喜，心想：太好了，终于过关了。正起身准备出门，小华又听到主管补充道："试讲的时候，要注意营造悬念感，调动大家的好奇心。"

"好的，主管。"小华说罢飞快地回到位置上，打开下载好的精品PPT模板，开始填充内容。

到了试讲时间，小华提前进入会议室，调试好设备和PPT。等部门主管和课程评审人入座后，便开启PPT全屏模式，然后认真地念起PPT上的内容。

五分钟过去了，有几位评审人露出了不耐烦的表情，皱起了眉头。主管也看不下去了，突然打断道："你先停下来，回去重新做吧。"小华愣住了，立在那儿，呆呆地看着台下的评审人纷纷离开了会议室。

成为一名优秀的讲师，一直是小华的梦想，毕业后他也如愿以偿地进入了培训公司。性格外向、能说会道的他，刚入职，却栽在了PPT上。之所以出现这样的情况，是因为小华对PPT这款软件的认知还存在本质上的误区。

微软PowerPoint的创始人Robert Gaskins曾在多次访问中提及：现在越来越多的人，正在错误地使用PPT，事实上，它只是长篇内容经过深思熟虑后的一个简要总结而已。

所以，并不是简单地把Word文档中的文字复制粘贴到PPT上，就算了事了，还需要利用其强大的功能制作出最令人难忘的,既提供强大的内容、又具有视觉吸引力的演示文稿。

我结合 DISC 理论和导演思维来拆解 PPT 制作过程中的技巧,帮助大家更好地呈现自己的想法。

设计 PPT 的本质

Microsoft Office PowerPoint 的官网上写着这样一句话:利用 PowerPoint 中的"设计器"和"创意",创建设计精美、影响力十足的幻灯片。

我们用一个公式来说明 PPT 的设计过程:

PPT 设计 = 演绎逻辑(Point)设计 + 视觉呈现(Power)设计

前者对应的是 Point——观点的要点部分。如果将一页页的要点比喻成一颗颗珍珠,那我们要做的就是设计一条具有"魔性"的绳子,将每一颗珍珠串联起来,使得演绎的过程行云流水。

后者对应的是 Power——强大有力的部分。优秀的作品应具备颜值,给观众良好的视觉享受。

简而言之,PPT 设计从本质来看,设计的是一场符合观众审美的逻辑演绎。其最终的目标是打动观众。借助 DISC 模型,可以很好地实现这一目标。

DISC 理论是研究人的行为风格的工具。这一模型运用到 PPT 设计中,同样可以让 PPT 深入人心。将 DISC 理论应用到设计中,可以提炼出 PPT 设计的四大要素。

目标感(D): 对于演讲者而言,如果没有理清主题,就侃侃而谈,会增加听众的吸收难度,影响双方的互动。

创意感(I): 如果排版不美观,即使内容再优质,干货再多,也很难吸引听众的眼球。在不了解演讲者的情况下,听众也很难透过平庸的课件挖掘内容背后的深度。

对象感(S)：PPT是呈现信息的载体,设计时应该站在听众的角度。从视觉体验、预期目标、痛点内容等多个角度逐一审视。确保可以有效地打动听众。

逻辑感(C)：如果把演绎PPT当作是播放一场电影,演讲者就是这场电影的导演。PPT内容的每一页的逻辑是否清晰,页面和页面之间的衔接是否自然,都是需要通篇谋划、精心打磨的。

PPT的目标感（D）

演示PPT的过程中,有时会出现这样的局面:听的人不知道台上的人讲了什么,讲的人又不知道自己想表达什么。这是制作PPT的一大忌讳,也就是没有主题。

设计时,为了让主题更突出,需要掌握两个意识和一个技巧,即提炼意识(精准提炼,呈现关键点)、转换意识(适当总结,转换补充)和标题优化技巧。

提炼意识（精准提炼，呈现关键点）

为了让版面更美观，应尽可能减少页面上的字数。所以，如何从文字稿中提炼关键信息，并有序地呈现，就变得非常重要。如以下案例：

运用 DISC 理论可以提升人际敏感度，其实每个人身上都有 D、I、S、C 特质，只是在你没有学习之前，你感受不到且不会运用而已。只要你熟练掌握这个工具，你会知道凡事必有四种解决方案，你是可以选择的，而不用盲目听从别人的建议和模仿或者只是依赖自己的惯性。要知道往往是你选择的回应决定最后的结果，而不是事物本身。

比如心情不好的时候我们希望调整自己，D 特质突出的伙伴可能会选择有挑战性的工作或者运动，I 特质突出的伙伴可能会选择参加朋友聚会或者购物，S 特质突出的伙伴可能会选择回归家庭给家人做顿饭，C 特质突出的伙伴可能会选择静静地看书或者玩数独。

成熟的人能理解自己的情绪并且选择最合适自己的方式，这就是我们所说的独处时能照顾好自己，获得内在的幸福感。

整体来看，这三段文字是一个总分总的关系，可以提炼出来的关键信息是：

（主题）运用 DISC 理论可以提升人际敏感度，有选择而非盲从。

（举例）心情不好时，D、I、S、C 四种特质使每个人有相应的应对措施。

（金句）独处时，照顾好自己，获得内在的幸福感。

我们把这些信息在 PPT 上呈现出来：

转换意识（适当总结，转换补充）

对于故事性比较强的内容，不容易提炼关键信息，就要有转换意识，换一种方式来呈现。如以下案例：

如果一位 I 特质突出的神父打高尔夫，第一杆，一杆进洞，他很高兴，但却不能分享，因为如果别人问，为什么祈祷的时间你去打高尔夫，他就暴露了，于是他只能忍。第二杆，又一杆进洞，他再次高兴，却还是不能分享，于是继续忍。连续打二十几杆，杆杆进洞，他的内心早已心潮澎湃，却不能分享，这是要被憋坏的。

如果这位神父 C 特质突出，而不是 I 特质，情况会怎样？

第一杆，一杆进洞，他内心高兴，但觉得不需要分享，他只需要自我对话：看来今天状态不错。第二杆进洞，他同样高兴，但也只是对自己说：看来今天不但状态不错，而且发挥稳定。连续打二十几杆，杆杆进洞，他只会心满意足地感叹：看来这项技能我已经掌握了！

我要表达的是：如果一个人能灵活运用自己身上的特质，上帝都奈何不了你。无论外面刮风还是下雨，你拉起窗帘，内心可以升起一个小太阳。

请记住：不是事物本身，是你选择的态度和你具备的能力决定了最后的结果。

这是一个温暖且极具治愈力的故事，如果通过通篇的文字或者图片，可能无法给听众带来比较好的体验。所以，可以尝试在适当的位置增加提炼点。譬如开始讲故事的时候，可以提供一个打高尔夫球的画面：

当讲到"这是要被憋坏的"时,可以补充"I 特质,无法分享,心情郁闷";讲到"他只会心满意足地感叹:看来这项技能我已经掌握了"时,可以补充"C 特质,无须分享,内心满足"。

所以,"怎么说≠怎么做",我们无须原封不动地把文字搬到 PPT 上,而是要根据呈现的需要,通过适当的提炼转化,让故事呈现更生动。

标题优化技巧

在写标题时,我们常常习惯以"××个人简介""××年终报告"等为标题。这样的标题看起来并没有错误,而且直接,却不吸引人。

如何让标题更吸引人、更突出呢?我们可以将标题中的名词转化为动词来进行描述:将"个人简介"改为"三年逆袭登顶,十年爬坡夺冠",将"研发部工作总结"改为"我是如何清除 20 个 bug 的"。

在优化后的标题里,登顶、爬坡、清除等词,相比原来的用词,更容易使人的大脑产生画面感。

在某些特定场合,还可以用"主标题+带有动词的副标题"的形式进行细化和优化。

PPT 的设计感（1）

对于同一份 PPT，每个人都有不同的主观感受和个人喜好，我们很难制作出让所有观众满意的作品。对于初学者来说，掌握好以下三项技能，就可以做出一份相对美观的 PPT 作品。

规范排版

学会排版技能，不是为了让 PPT 页面的颜值更高，而是让它看起来端正。在判断一个人的外在形象时，首先会去评判一个人的身材气质，这时，骨架就起着至关重要的作用。骨架端正，则外在端庄。而版式，就相当于 PPT 的骨架。

排版需要遵循五个原则，分别是：亲密、对比、重复、对齐、等距。

亲密原则：用八个字来诠释——"意以类聚，文以群分"。如果一页 PPT 中，文字比较多，就需要分门别类，用适当的距离或者线条加以区分。

方法一，用适当的空间加以分割。

技能提升的四个阶段

说给你听
21天训练营，教你全面认知自我、搞定老板、搞定同事、搞定爱人、搞定孩子……

做给你看
畅销书作家、新媒体大V知识变现达人、顶级培训师、职场新人、全职妈妈……52位榜样每周分享，全年陪你成长……

亲自实践
实战演练，职业导师群内讲解，每月沙龙，线下聚会，抽奖送价值万元线下分享会体验课程！

验证成果
性格测评—专业解读，群内答疑；翻转课堂—从听到讲，总结输出；成长记录—嘉宾分享，学员复盘！

方法二,用线条加以分割。

技能提升的四个阶段

说给你听
21天训练营,教你全面认知自我,搞定老板、搞定同事、搞定爱人、搞定孩子……

做给你看
畅销书作家、新媒体大V知识变现达人、顶级培训师、职场新人、全职妈妈……52位榜样每周分享,全年陪你成长……

亲自实践
实战演练,职业导师群内讲解,每月沙龙,线下聚会,抽奖送价值万元线下分享会体验课程!

验证成果
性格测评 — 专业解读,群内答疑;翻转课堂 — 从听到讲,总结输出;成长记录 — 嘉宾分享,学员复盘!

对比原则:常规的方式有加粗、加大、反衬等。

重复原则:基于亲密原则将PPT页面中的不同单元模块区分开了之后,每个单元模块的配色、字体、间距均需要保持一致;在一定场景下,不同幻灯片之间也需要保持风格一致。

对齐原则:整齐有序,错落有致。需要注意两点:
第一,每个模块或元素之间需要保持对齐,如:四个模块采用左对齐方式。
第二,模块组合后的整体位于页面正中心部位。

等距原则:不同的元素之间的距离相同,如:

技能提升的四个阶段

说给你听
21天训练营，教你全面认知自我，搞定老板、搞定同事、搞定爱人、搞定孩子……

做给你看
畅销书作家、新媒体大V知识变现达人、顶级培训师、职场新人、全职妈妈……52位榜样每周分享，全年陪你成长……

亲自实践
实战演练，职业导师群内讲解，每月沙龙，线下聚会，抽奖送价值万元线下分享会体验课程！

验证成果
性格测评—专业解读，群内答疑；翻转课堂—从听到讲，总结输出；成长记录—嘉宾分享，学员复盘！

技能提升的四个阶段

说给你听
21天训练营，教你全面认知自我，搞定老板、搞定同事、搞定爱人、搞定孩子……

做给你看
畅销书作家、新媒体大V知识变现达人、顶级培训师、职场新人、全职妈妈……52位榜样每周分享，全年陪你成长……

亲自实践
实战演练，职业导师群内讲解，每月沙龙，线下聚会，抽奖送价值万元线下分享会体验课程！

验证成果
性格测评—专业解读，群内答疑；翻转课堂—从听到讲，总结输出；成长记录—嘉宾分享，学员复盘！

此外，关于距离，还需要注意：优先级越大，距离则越大，即一页 PPT 中，主标题和小标题的距离要大于小标题与文本之间的距离。

配色借鉴

如果不知道如何配色，不如直接借鉴。用笔刷工具直接吸取背景中的配色是最高效的方法,也是最安全的方法。

方法一,吸取 logo 的颜色,如:

方法二,吸取环境色,如:

字体搭配

如果不知道怎样搭配字体,可以尝试通篇用同一种黑体即可,推荐两种免费的字体:阿里巴巴普惠体和思源黑体。

在如果用 PPT 设计海报金句,用书法体呈现,页面会给人以更精神的感觉。

设计的对象感(S)

做 PPT 的终极目标就是打动听众,而打动听众的前提是,确保他们有良好的观感体验。所以,设计 PPT 前,我们需要用 3W1H 法则来思考:who、why、what、how。

who——听众是谁?听众是谁决定了定位。

明确定位,则可以事先在心中确定"我懂听众"的信念,此外,明确定位对于拟定标题,也有启发意义。

why——他们为什么要来?他们的痛点是什么?

每一次活动都有目的。如果是一场培训,那么听众一定有自己的学习目标。

然而,有时听众并非全部都是"自愿"去聆听,譬如公益活动,那么,这时应该主动和主办方明确推广的目标和意义。

what——他们想听哪些具体内容?

明确了听众预期,则可以开始"排兵布阵"了,可以利用便笺纸,或者导图类软件,进行 PPT 的整体框架梳理。

how——听众是以一种什么样的方式接受信息的？

现在呈现 PPT 的方式越来越多。同样的内容，在不同的演示场景需要进行相应的调整和改变。

设计的逻辑感（C）

关于逻辑，我们常常会听到：思路清晰，表述很有条理。按照这样的理解，容易陷入经验主义，即凡事都要按照大脑中既定的一个逻辑框架来进行展示。

如果要制作一份年终汇报，打开网页，95%以上的 PPT 模板，是按照时间顺序建立整体框架的。假如汇报人是一名项目经理，去年一年刚好完成了三个中大型项目，如果不假思索，直接套用这些模板，大概率会是如下的框架：

工作汇报框架

第1部分	第2部分	第3部分
工作完成情况	存在的问题和改进	未来规划
任务1完成情况	任务1遇到的问题和建议	任务1的下一步计划
任务2完成情况	任务2遇到的问题和建议	任务2的下一步计划
任务3完成情况	任务3遇到的问题和建议	任务3的下一步计划

在时间顺序的大前提下，再将每个项目按照时间属性进行拆分，放到相应的时间。这看起来很有逻辑，视觉上也很整齐。可是，如果站在领导的角度重新审视，可能会发现，这并不是最佳逻辑，可以这样调整框架：

工作汇报框架

第1部分	第2部分	第3部分
任务1项目介绍	任务2项目介绍	任务3项目介绍
任务1完成情况	任务2完成情况	任务3完成情况
任务1遇到的问题和改进	任务2存在的问题和改进	任务3存在的问题和改进
任务1的下一步计划	任务2的下一步计划	任务3的下一步计划

按照项目的顺序,每一个项目按照时间顺序一个一个地汇报。

通过对比,不难看出,按照第二种逻辑来汇报,更为妥帖。

记住:好的逻辑框架,便于听众迅速理解,且易于长时记忆。这需要结合自己的内容,充分采用听众易于接受的方式,确立正确的框架。

在确立好逻辑框架后,下一步就是动画呈现了。在台上演讲的时候,演讲者根据逻辑一页一页地翻PPT,而在恰当的时机呈现精准的内容,演示效果更好,示范如下:

D I S C

提升人际敏感度 →

DISC

提升人际敏感度 ➡ 有选择，而非盲从

DISC

提升人际敏感度 ➡ 有选择，而非盲从

DISC

提升人际敏感度 ➡ 有选择，而非盲从

如何灵活调用 DISC

在设计 PPT 时,目标感、设计感、对象感、逻辑感四个要素要灵活应用:先调用 S 特质,调查对象需求;再调用 D 特质,明确表达要点;然后调用 C 特质,再次梳理前后逻辑;最后调用 I 特质,进行视觉设计。

以一张海报设计的过程为例。

主题:海峰·广州·一起过中秋·2019。

几大议题:运用落地、赚回学费、经验交流;同学资源、深度连接、资源整合;优质课程、好书相赠、体验品鉴。

调用 S 特质,明确海报的阅读受众

拟定标题。初步分析,海报可能有两类受众:一类是知道 DISC + 社群和李海峰老师的毕业生,因此,标题可以改成"相约广州,海峰陪你一起过中秋";另一类是经常参加 DISC + 社群活动的毕业生,这时,标题可以更加通俗易懂,以拉近受众距离,如"中秋佳节,我们一起唠唠嗑"。

细化文案。中秋佳节是一个特殊的场景,因此,文字处理可以更加细腻。比如,对地点、时间等描述,可以改成欢聚地点、团圆时间这样的词,让海报更加温馨。

调用 D 特质,拟定各级标题

将大标题拟定好了之后,可以开始将主要正文进行提炼整合,并适当增补文案,如:

(交流叙旧)运用落地,赚回学费,经验交流
(连接整合)同学资源,深度连接,资源整合
(课程学习)优质课程,体验品鉴,经验交流
(书籍赠送)精品好书,精致礼物,温馨相赠
也可以尝试优化一下小标题,如:
(唠一唠)运用落地—赚回学费—经验交流
(连一连)同学资源—深度连接—资源整合
(学一学)优质课程—体验品鉴—经验交流
(享一享)精品好书—精致礼物—温馨相赠

调用 C 特质,区分优先级,确定初版

按照优先级顺序,大标题最重要,应放在最显眼的位置,正文部分放在中下方,时间、地点信息放在最下方。这形成了一个初稿:

(唠一唠)运用落地 赚回学费 经验交流
(连一连)同学资源 深度链接 资源整合
(学一学)优质课程 体验品鉴 经验交流
(享一享)精品藏书 精致礼物 温馨相赠

团圆时间:9月13日上午9:00-下午16:00
团圆地点:广州市XX

调用 I 特质，进行视觉设计

从图片网站搜索合适的中秋背景图片，就可以开始进行细节的设计，从排版、配色、字体三个方面进行：按照由上至下的方向进行排版，正文部分，用竖线进行分隔；中秋佳节，吸取了明月的黄色和孔明灯的红色作为主色调；主标题选取书法体，更加吸引眼球。

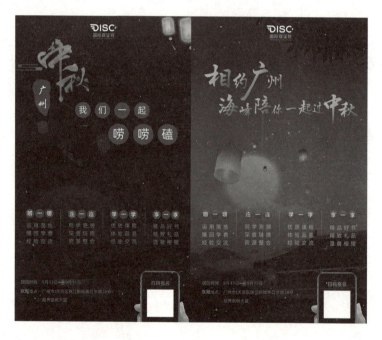

PPT 是我们日常工作中很重要的工具，但它又不是简单的一个工具，它能给我们带来无限的可能。学会用导演思维，打造出极致的 PPT，让我们的每一次呈现都能够完美，让我们的客户、领导、同事刮目相看。

马腾

DISC国际双证班第77期毕业生

橙师TTT内训师培训导师

7D精品课程设计开发导师

扫码加好友

生动演绎
——故事型培训案例设计

益达口香糖为大家所熟知,源自一则广告——

美女去小超市去买东西,买了两瓶益达口香糖,在收费结账的时候,故意留下了一瓶给男售货员。售货员提醒美女:"哎,你的益达!"

美女回头一笑:"是你的益达。"

男女之间青涩的小美好直击观众内心,"你的益达"也成了当时的一句流行语。益达的品牌名气也越来越大,随后又推出了一套西部系列的广告,讲述的是彭于晏和桂纶镁分饰男女主角的故事:彭于晏饰演的男主角对桂纶镁饰演的女主角说:"要两粒一起吃才最好。"这个广告让益达口香糖的销量得到了巨大提升。

益达的广告不是直接讲解产品如何如何好,而是通过故事的演绎来对产品进行宣传。打动人的往往不是理性的内容,而是感性的共鸣。而故事则是能够直接打动人的最有力的武器和手段。

广告都要讲故事了,更何况是我们在做培训的时候呢?如果我们在做课程开发和设计的时候,整个课程全部都是知识点,内容里完全没有案例,这样的课程好听点叫"干货十足",但真的好吗?

培训要以培训学员为中心,所以在开发课程的时候,如果只关注内容本身,不关注学员的接受程度,那么学员就不能很好地学习和吸收,培训效果也会不理想。适当地引入故事型案例,可以为培训增色不少。

DISC理论,可以帮助我们从四个角度对培训进行设计和演绎:用D特质来带入学员;用S特质来收集案例;用C特质来设计案例;用I特质来加工案例。

故事型培训案例设计

- 用D特质来带入学员
- 用I特质来加工案例
- 用C特质来设计案例
- 用S特质来收集案例

用 D 特质来带入学员

很多人讲故事容易进入一种以自我为中心的状态,讲完后,学员却没有任何反应。这也许并不是因为我们的故事不够精彩,而是我们没有从学员的角度出发,去把学员带入到故事中来。所以我们在设计故事的时候,一定要发挥 D 特质,就是要把学员带入到我们的故事中。增加"带入感",有以下几个技巧:

案例与课程内容紧密相关。案例能否帮助学员理解课程内容、能否支撑培训内容及目标,这些都是需要首先考虑的。此外,我们还需要分析学员,包括其年龄、性别、职业等等,要让故事本身与学员产生紧密关联。

根据学员喜好、对主题的了解程度、接受度等设计故事。学员以 30 岁左右的女性为主,可以讲一些与孩子之间的故事;学员以刚入职的新员工为主,可以讲一些自己刚步入职场的故事,或者是恋爱期间的故事。重要的是投其所好,拉近授课者与学员的距离。

设置悬念。我们都喜欢看电影,但要说电影中哪个部分最精彩,那一定是预告片。一些美剧在每一季的结尾设置悬念,吸引我们一季一季地紧跟剧情。评书也是一样,老艺术家们在一段评书的结尾也会设置悬念,以一句经典的"欲知后事如何,且听下回分解"做结。

开场时直接提出问题。开场时,如果我们提一些时下热点新闻事件相关的问题,也容易吸引学员的注意力。

巧问问题。提问,并不是要为难学员,只是为了让学员产生共鸣感,有时候,甚至都不需要学员做出回答。比如,我要讲一个关于孩子的故事,我就先问一下大家:"各位,已经为人父母的同事,请举手。"因为之前做过调查,所以我可以判断出大部分人会举手。然后,我再问:"在孩子小的时候,我们应该怎样教他们,才能让他们学得快?"这个问题可以不用学员回答,因为接下来要讲的故事就会给出答案。

将故事中的冲突提前,也就是开场直接讲冲突。比如,故事开场这样讲:"几个月前,我从工作了十年的企业辞职了,我的父母、妻子、朋友都不能理解我的做法。人到中年,放着稳定的工作不做,为什么要辞职呢?"这个冲突呈现出来后,直接进入故事。

除此以外,还可以增加对场景化的描述和设计,用播放音频、视频,或者播放幻灯片等方法做辅助。

用 S 特质来收集案例

案例一定要为主题服务。优秀的培训师,常常能根据自己的主题和话题讲出精彩的故事。没有人能随随便便就能成为故事高手,这些故事都是平时收集和整理而来的。建议建立起自己的案例库,做到信手拈来。

我们常常觉得自己没有什么经历,所以也没什么故事可讲。其实不然,现在好多十几、二十出头的孩子讲起故事来也是滔滔不绝的。

要想成为故事高手,首先要有故事,包括自己的故事和别人的故事。这就需要有一双发现故事的眼睛,记下所有能触动内心的故事,将它们整理到自己的案例库中。这是一个长期且持续的工作,需要我们发挥 S 特质。

故事分三部分内容:信息、启示、关键词。

信息:包括故事本身的描述、关键内容的描述、冲突(包括情节冲突、人物冲突等)等信息。可以适当加入场景、时间等信息,便于日后对故事进行加工。

启示:就是这个故事给我们的触动点是什么,对我们有什么启示,如果有直接可以用的金句也请将它记录下来。故事是一定有一个触动点的,否则就没有办法触动学员。

关键词:为了便于后期使用故事,我们还需要对故事的关键词做提炼。收集故事是需要练习的。我们可以做一个打卡记录表,每天记录下当天遇到的最能打动人的故事。一天 24 小时,一定会有一个打动我们的故事发生。时间久了,我们的案例库也就大了,发现好故事的能力也练成了。

除了当下遇到的故事,也可以将我们记忆深刻而且影响比较大的故事整理收录起来。我们可以通过三个方向来回忆和整理,分别是:时间、地点、人物线。

需要注意的是,时间越久远,故事数量可能会越少,情节也越不清晰。有一位学员很苦恼,说自己小时候的生活比较平淡,没什么印象太深的事情,是不是没有童年呀。这些都不重要,在回忆的时候只需要整理还能回忆起的、对自己触动比较深的故事就可以了,不用过分在意数量。

每一个我们待过的地点,都会有一些让我们印象深刻的故事。这里的地点,不仅仅是具体的城市,也可以是办公室、小区、旅行地等。

故事与人有关,所以通过人物也可以回忆起一些精彩的故事。有位学员说,他回忆起好多与前女友的故事,能不能算。当然可以,只要这个故事对自己有触动,能帮助自己阐述观点就可以。

用C特质来设计案例

收集来的故事需要根据情景进行后期加工。加工的时候,需要把握加工的度,不能把故事加工得面目全非,甚至毫无逻辑,经不起推敲。

有一位老师看了一篇公众号文章,感觉特别精彩。于是,他在第二天的培训上做了分享:"大家都知道竹子吧,比较高的竹子可以长到10米左右。竹子的根都是深深地扎在地里的,正因为这样,竹子才能生长得很茂盛。所以,学习也是一样,一定要打牢我们的理论基础,这样我们才能在之后的成长及发展道路上更加顺利。"

但是有一位学员提出了异议:"老师,竹子的根好像不是深扎在地下的,而是铺开在地面的。竹林的地面都是被根拱起来的,不平坦。"老师很尴尬,想解释:"可能个别的竹子是铺开长的,也有深扎地下的。"学员继续发出挑战:"老师,我家就是做竹子生意的,真的没有。"这样的对话,让老师很下不来台。

为了避免培训过程中出现这样尴尬的情况,我们在设计案例的时候一定要注意以下三点:

第一,符合逻辑性,最好是自己亲身经历或看到的案例。

第二,如果是引用的案例,那么就要说明出处,说明是从哪里看到的。

第三,案例设计要符合一定的结构,这样才能让故事完整。

一个完整的故事案例大概包括以下三个要素：铺垫、情节、观点。

铺垫，就是故事的人物、时间、地点。加入这些信息可以让故事更生动，让学员更有代入感。

一般来说，如果是自己的故事，那么人物就是"我"。

可以不用具体描述是哪一天，只需要描述跟故事相关的时间就可以了。比如，一个在炎热的夏天，现场工人如何在高温下坚持完成作业的故事。这个故事主要体现"热"，所以，要突出"时间"，可以使用"6月""中午"这样的时间信息。

情节，也是故事的主体部分，是对故事的完整描述，包括主角、目标、冲突、结局等信息。

主角，就是故事的主人公，其行为、想法、动作、感受等需要着重进行描述。

目标，就是故事中的具体任务。

冲突，是故事的核心所在。冲突可以是人与人之间的冲突、人与环境的冲突，也可以是主人公的内心冲突等。

结局，不一定非要一个好的结局，有些时候不完美的结局也会给学员一些启示。

观点，即故事最后给大家带来的启示，也就是这个故事对我们的意义是什么。观点可以自己总结，也可以用一些金句。关于金句，我们也要尽可能多地积累。DISC+社群的公众号，就提供了非常多的金句。我们也可以通过书籍、综艺节目、电影等获取。重要的是，要把收集的金句和故事内容及观点联系起来，不要为了使用金句而使用。

我曾用过一个案例《太阳很烈，你们很美》：

七月，洁白无瑕的云朵，犹如一团团棉絮般，与碧蓝的天空相互映衬着。火轮似的太阳高高悬挂在空中，大地早已被烤得热气腾腾。"万瓦鳞鳞若火龙，日车不动汗珠融"，烈日炎炎，我想起了高温下工作的他们。

张真灵：全身水洗。

7月30日，虽是上午，热气却早已升腾。"天热，就连工具也'炙手可热'，稍微晒一会儿，烫得手都握不住，大家系好工具，防止工具掉入变压器内部。"张真灵说："出于安全考虑，我们现场作业人员必须穿连体服，热就只能热点了。"

穿着密不透风的连体服，戴着厚厚的手套，挤在狭小的低压舱内，拆除低压软连接螺栓,做好防异物措施,一个一个地拆卸,为主变低压套管更换做准备……短短几分钟,他已是满头大汗,汗水浸透了连体服,汗珠沿着安全帽檐往下滴。两个多小时的作业结束,他下到地面,脱下连体服,早已全身湿透。

张峰:这个舱室有点"烫手"。

7月30日午间,主变A相顶部,张峰正在和兄弟们一起进行低压套管内部软连接的恢复。

"晚上要下暴雨,咱们得抓紧时间恢复,"张峰擦了擦汗对旁边的兄弟说,"我来帮你们一起干吧,多一个人,多一分力。"

这不干不知道,一干吓一跳,这主变低压舱暴晒在烈日下,散发出阵阵热气,犹如一个刚出炉的烫手山芋。

"妈呀,好烫!感觉我的手都快要化了。"张峰一动手便有感而发,但他还是埋着头、铆足了劲、扛住了烈日下"铁皮"的超高温度。装完软连接,他还不忘以往的幽默,与旁边的兄弟调侃:"铁板烤手,就差一撮孜然了……"

韩信:习惯了就好。

下午4点,正是换班的时候,不少人走在风雨连廊,迎接一天少有的轻松时刻,但韩信却正走向主变压器平台。高温天气,大家轮流替换,既保证现场工作不受高温天气耽误,也防止工作人员长时间室外操作而中暑,韩信和同事轮班去干活和吃饭。

"虽然现在很热,但为了保证在晚上暴风雨前完成低压舱软连接恢复,必须坚持,干了这么多年的大修我都已经习惯了。"说话的短短几分钟里,韩信的后背已被汗水完全浸透。

作为主厂变检修先锋队的一员,他们迎难而上,咬牙坚守,践行着主厂变检修先锋队的宣言:"那样高温无声,奋斗有痕,莫辜负,似水流年,汗衣笑靥,最美丽!"

以上案例,在铺垫部分,时间是7月30日,突出了一个"热"字;人物,就是现场工作的一些员工;地点,在主变A相顶部,这些信息突出了一个"热"的背景,让学员听到这里就有一种要流汗的感觉。情节部分,目标就是要在晚上下暴雨前恢复系统连接;冲突,就是时间冲突、环境冲突;结局,就是员工克服困难,顺利完成了工作。最后加上观点和感悟,这样故事就完整了。

虽然故事很短小,但是大家听完后还是觉得很精彩。

用 I 特质来加工案例

同样的故事,不同的人讲出来会有不同的效果。

有人会说:我就不是一个喜欢开玩笑的人,也能把故事讲得有趣吗?澄清一下,故事有趣并不等于搞笑。故事有趣就是让故事更加丰富精彩,正如剧情精彩的电影不一定是搞笑电影。这要求我们充分调动 I 特质,对故事进行加工,把故事设计得生动有趣。

我们听评书的时候,根本看不到具体的人,但是凭借着说书人的一张嘴,仿佛评书里面的人物形象,都能真真切切地呈现在我们面前。如果我们讲故事时也能够达到这样的效果,就算成功了。我们在讲故事的时候,可以运用以下的加工方法。

描述人物。比如,详细描述人的特征,罗贯中用丹凤眼、卧蚕眉、髯长两尺、面如重枣描述关羽的形象,让人产生具体形象之感,仿佛关羽就在我们面前。对人物的某个特征、某个动作,或者某个表情做一个详细的描述,可以让学员对人物形象有一个更深的了解。

描述场景。如《三国演义》里曹操横槊赋诗一段,写曹操的大船"于中央上建'帅'字旗号,两傍皆列水寨,船上埋伏弓弩千张",短短几句话,就突出曹军之气势、场景之宏大,增加了故事的场景感。

增加人物的对话。如我在故事《太阳很烈,你们很美》中,用人物对话反映人物形象,读起来就好像人物近在眼前一样,提升了故事的场景感。

增加个人的感受。这里可以采用五感设计,即味觉、嗅觉、触觉、听觉、视觉。比如,"我昨天刚买了一个粉色草莓形状的玻璃杯,摸上去滑滑的,没一点棱角,而且还不会出现指纹。杯子本身还有一股淡淡的草莓香,用它喝水,仿佛无色无味的水都有股甜甜的草莓味道。可是就这样一个杯子,被我不小心从手里滑落了下来,

'呼'的一声摔得粉碎"。用五感进行描述,是不是就感觉事情发生在眼前一样?

此外,我们还可以在故事中加入一些修辞手法,最常用的就是对比、比喻等。比如一则奶茶的广告,每年销售量3亿多杯,这是个什么概念呢?观众并不能理解,后面又加了一句,杯子连起来能绕地球三圈。这样对比,观众就会有这样的想法:哇,卖出这么多,赶紧买一杯尝一尝。

我们加工案例的时候,也可以采用这样的方法,《太阳很烈,你们很美》中,为了突出主变低压舱暴晒在烈日下的高温,如果只是描述表面温度达到60摄氏度,大家并没有什么感觉,但是加了比喻后,就不一样了。"主变低压舱暴晒在烈日下,散发出阵阵热气,犹如一个刚出炉的烫手山芋",就更容易让学员体会到主变低压舱到底有多热,更增加了故事的场景感和画面感。

要注意的是:修辞也需要符合案例本身的人物和特征,比如同样形容一个红脸的人,面如重枣就是威风凛凛的关羽;红苹果一样的脸蛋,那就是在形容可爱的孩子了。

通过人物描述、场景描述、对话设计、个人感受和修辞来对案例进行加工,发挥我们的I特质,能让我们的故事更加吸引学员。

在培训中讲好故事,用好案例,可以让学员更好地理解我们要表达的观点,辅助学员学习和记忆,产生更好的培训效果。

运用DISC理论,通过四个方面对故事案例进行收集、设计和加工,让我们大家都可以在培训中有好案例、讲好案例、用好案例,提升我们的培训效果。

徐伯达

DISC国际双证班第19期毕业生
"五讲六训"课程创始人
一对一私教TTT训练实战导师

扫码加好友

讲台之光
——企业培训师修炼手册

站在台上的培训师,举手投足都能吸引台下听众的目光,这让很多人向往这个职业。我就是其中一位。

原本只是服装陈列师的我,在2008年参加公司内训时第一次接触TTT培训,从此一发不可收拾,内心坚定地要成为一名优秀的培训师。然而,成长的过程并不容易。我曾经讲到一半被赶下了讲台,也曾经被培训机构笑称太过于时尚不像培训师而被拒绝。

直到2015年参加了海峰老师的DISC授权讲师认证班,我才知道,要想成为优秀的培训师,除了要具备专业知识与能力以外,还需要具备对人的敏感度。

有了这个工具以后,我在任何场合都不犯怵了。因为DISC不仅仅是一套理论,更是一种思维模式。它让我更好地认识自己,理解他人;帮助我在课堂上更好地识别不同风格的学员。我用DISC玩转课堂,轻松有效地掌控全场;还用它有效地解决了工作中遇到的问题。

我相信很多刚走进企业的年轻培训师,也遇到过我当年的困惑,希望以下的内容能帮助大家少走弯路,快速成长。

向内看——不同风格的培训师

每位培训师都是独立的个体,都有自己的授课风格和特点。每种风格和特点没有好坏对错之分,只是和我们的行为风格相关。只要正确地认识自己,然后不断打磨,形成自己的风格,就可以成为优秀的培训师。

根据 DISC 理论,每个人身上都有四种特质,基于此我把培训师分为 D 特质-权威派、I 特质-演绎派、S 特质-实践派和 C 特质-学术派。

D 特质-权威派

这类培训师,是培训师里最有气场的。他们关注事、行动快、眼神坚定、声音洪亮、表情严肃、不苟言笑。

2018 年，在辅导某医药企业"微课技能大赛"项目时，有一位企业培训师张老师，加班到晚上 10 点后，来到酒店敲开我的门，说："明天就要比赛了，我想徐老师再给我辅导一下！"

于是，他把自己的课件重新给我讲了一次。内容很好，就是讲得有点快，没有给人停顿的机会。我给他做了一个强化训练，帮助他提升亲和力，建议他多与学员交流。经过反复练习，他改善了不少。

把他送到门口时，我问他期望在大赛中拿到什么名次。他说："当然是冠军了。"最后，他没拿到冠军，但拿到了季军的好成绩。

D 特质-权威派培训师具备的优势如下。

目标感：注重培训结果，希望通过培训达到预期的目标。

权威感：在讲台上有一种不怒而威、震慑全场的风范。

讲结果：关注学员的学习效果以及收获。

惜时间：直奔课程主题，不讲废话，不拖泥带水，以最短的时间达成结果。

D 特质-权威派培训师，气场强大，亲和力相对来说较弱；注重结果，却常常忽略细节；忽略过程，欠缺生动的案例，幽默感不足，学员比较难产生共鸣；权威感强，但不易拉近与学员的距离。D 特质-权威派培训师，需要对节奏进行适当的控制，不要让学员感觉吃不消，压力大；在上课时候多点耐心，放慢自己的语速，多激发还在学习中的学员们。

I 特质-演绎派

I 特质-演绎派培训师，是最能调节课堂气氛的培训师，似乎天生就是为讲台而生。他们关注人，行动快；肢体语言及表情丰富、非常享受在讲台上的感觉；希望赢得学员的鲜花与掌声。

2020 年，我开了"7 天课程开发训练营"课程。

在辅导前，来参加学习的培训师需要提交一个授课视频。其中一位讲销售的培训师小李，讲台感染力非常强，很幽默，表达也很流畅，还很风趣。

培训中,我发现他的课程内容很丰富但没有逻辑,有些点过于发散,什么都想呈现给学员。于是,我让他尝试做减法,以结果为导向,结合课程目标,删减与课程无关的内容,让课程主题、内容更加有条理性。

结营时,他的讲课效果比之前提升了一大截。

I 特质-演绎派培训师具备的优势如下。

善表达: 讲故事十分生动、有趣,很有画面感。

造氛围: 善用各种互动技巧,课堂气氛热烈。

富激情: 幽默风趣,感染力强,课堂不会沉闷。

够自信: 天生为讲台而生,不会怯场。

I 特质-演绎派培训师,上课时应突出重点,结合培训目标,有的放矢,不要随意发散;备课时要理清逻辑,不能想到什么就准备什么;应掌控时间,不能讲到哪里是哪里,导致拖堂,或者本来要讲的没有讲;切忌把讲台当成自己表演的舞台,要多关注学员的收获。I 特质-演绎派培训师,在课堂上不要过于发散,什么都想讲;也不要过于在意课堂氛围,而忽略课程本质;要针对学员的要求,打磨课程大纲,精简课程内容,掌控好时间。

S 特质-实践派

S 特质-实践派培训师,给人润物细无声的感觉。他们关注人,行动慢;行动节奏没那么强,学员因此也不会有压力,像太极高手,以柔克刚。

有一位工作了七年的企业培训师,虽然每次上课也很顺利,但自己却都不是很满意。他说,每次授课时,他都希望课堂上保持和谐,生怕学员反馈效果不好,总是迁就学员,给学员留下了老好人的固有印象。

其实,培训师不需要刻意去讨好学员,这样反而会让自己显得不够专业。于是,我请他在每次培训前明确培训的目标,并在课前向学员强调;同时,多练习自己的肢体语言,增强亲和力,调整课程气氛。

通过半年的训练提升,他可以很好地发挥自己的长处,讲课更加自信了。

S 特质-实践派培训师具备的优势如下。

重感受：关注学员，特别是学习的体验感，让学员毫无压力。

善倾听：愿意倾听学员的声音，亲和力强，讲课娓娓道来。

讲感悟：经常会谈自身感受，现身说法，传递出温暖的感觉。

有耐心：善用鼓励性的语言，愿意帮助学员成长。

S 特质-实践派培训师，上课时应注意调整节奏，切忌散漫拖沓；强化目标，过于随意会让学员没有紧迫感；提升感染力，冷静和过于平淡的语调，会让学员没有激情，无法调动学习氛围；强化权威感。S 特质-实践派培训师，不要过于温柔，要学会控场；学会应变，让平淡的课堂多点互动，多一些幽默，不要过于沉闷。

C 特质-学术派

C 特质-学术派培训师，给人非常专业的感觉。他们关注事，行动慢；追求课程质量，逻辑严谨；注意传授知识，内容比较烧脑；不喜欢被挑战。

每次参加完课程后，我都会要求学员根据太阳思维发散法来写自己的课程大纲。

有一位培训师说一周后可以完成。然而，一周过去了，我还没收到他的大纲，于是致电询问。他说："徐老师，我还在思考开场究竟用什么方式好，搜集了很多资料，还没想好。"

他就是 C 特质很突出的人，一直在思考，总想做到完美，过于注意细节而忽略了结果。于是，我让他先把开场放一边，按照模板，先把大纲做出来。

一小时后，他就把课程大纲设计出来了。虽然不完美，但是终于完成了。

C 特质-学术派培训师具备的优势如下。

重结构：课程逻辑严谨，每一句话都经得起推敲。

善引用：喜欢用数据说话，常常引用经典故事或证据。

抓细节：会提前准备好课程资料，甚至准备草稿，提前演练。

深研究：善于思考问题，喜欢钻研，常以数据为依据，保证权威性和专业性。

C 特质-学术派培训师，上课时应注意放下骄傲，这样容易产生距离感，不容易与学员打成一片；少用复杂深奥的专业术语，要更接地气；增加幽默，要增强表现力,多些笑容与肢体语言;不要拘泥于细节,或过于追求完美,而忽略了学习目标,要学会变通。

C特质-学术派培训师,不要过于严肃,要适当提升亲和力;讲课时注意深入浅出,帮助学员学习理解;多用生动有趣的故事和案例,避免课堂气氛沉闷。

四种培训师都有其优势和需要改进的地方。而且一名优秀的培训师,是会根据不同的情境随时调用各种特质的。

向外看——不同风格的学员

课程结束后,如果要调查学员的学习收获,可能会有以下不同的答案。

A学员:我找到了工作目标,接下来,我会努力朝着这个目标前进。

B学员:这个课程太有趣了,课堂氛围太好了,老师感染力太强了,错过的同事,真是太可惜了。

C学员:我这两天做了密密麻麻的笔记,我得整理好再温习一遍。

D学员:这个课程信息量比较大,我做了一份思维导图。经过两天的学习,我收获了五个知识点,其中有三个对我的触动特别大,我决定将这些知识点运用到工作当中。

不难看出,这四位学员的表现分别对应D、I、S、C四种行为特质,每位学员的关注点和收获都不一样。培训师需要了解学员的行为风格,因材施教、丰富教学方式。

D特质学员

从形象来看,他们多穿显示干练和权威的职业装,穿适合行动的便鞋;不太关注头发、指甲等细节,很少佩饰。

D特质学员进入培训室后,喜欢找到一个可以掌控全局的位置,会找熟悉的人谈论工作,目标性很强,不会让自己闲下来;讲话声音大,有力量,语气果断。

培训过程中,他们更关注课程能否帮他们解决问题,是否有价值,否则会觉得浪费时间,进而对课程失去兴趣;如果觉得老师讲得不对,会公然挑战,发表自己的见解。

面对D特质学员,培训师可以:

在开课前说明课程的目标和收益。

在课中设置阶段性目标,难度不能太低。

设置小组,让各组成员在完成一次次挑战的过程中,获得知识。

I 特质学员

从形象来看,他们喜欢穿色彩鲜艳的衣服,追求时尚和独特,女性喜欢高跟鞋、超短裙或者紧身衣等;发型和发色比较大胆,常佩戴各种饰物。

I特质学员进入培训室后,会主动找人聊天,说话的声音比较大,常常开怀大笑,引得别人注意。

培训过程中,他们更关注好不好玩、内容是否有趣、有没有机会展示自己;常常会主动发言,给大家带来笑声,带动课堂氛围。

面对I特质学员,培训师可以:

创造交流的机会,让他们有机会和同学互动。

特别是在破冰阶段,可以多向他们提问。

关注他们的学习状态,适当为他们提供展示自己的机会。

设置一些游戏,让他们保持专注,避免走神。

S 特质学员

从形象来看,他们喜欢穿舒适保守、朴素的衣服,不喜欢太夸张的颜色和款式;没有特点是他们最大的特点;喜欢舒服的鞋子,不喜欢佩戴夸张的饰物。

S特质学员进入培训室后,会安静地坐在一个不显眼的角落,不会主动找人聊天;遇到熟人,会点头微笑示意;如果有人主动搭讪,会礼貌地回应或者倾听。

培训过程中,他们会默默地倾听和记笔记;很少主动发言,或者主动承担任务;对于老师的提问,常常显得很拘束和羞涩,但非常配合老师的安排。

面对S特质的学员,培训师可以:

将培训室布置得温馨些,让他们更快地融入课堂。

多一些眼神交流,少一些提问,让他们有安全感,能放下心来学习。

重要的内容可以放慢些节奏,或者重点强调。

可以多用视觉化材料呈现课程内容,多讲些与他们相关的故事和案例。

C特质学员

从形象来看,他们喜欢中规中矩、不花哨、简单、讲究细节的衣物,显品质但不张扬;会根据场合更换得体的衣着,显得很专业;发型偏简单,不喜欢染夸张的颜色。

C特质学员进入培训室后,会根据要求入座,自己翻看资料或者看手机,不会主动搭讪。

培训过程中,他们更关注课程的逻辑;不会主动发表看法,很少回答问题;回答问题时,条理很清晰;常常紧锁眉头思考,积极性不高。

面对C特质的学员,培训师可以:

课前要先说明课程的逻辑,展示课程大纲。

增加一些需要思考的互动环节,在他们发言之前,给点思考的时间。

多一些案例,多引用数据。

紧扣课程大纲,适时做小结。

以上是四种比较典型的学员,但我们平时面对的学员常常会更为复杂。而且讲好一门课,应该照顾到所有风格的学员。

另外课堂上的情况也会千变万化,培训师们应该多观察、多运用、多总结,才能更好地做培训。

成长为 DISC 全能培训师

每个人身上都有 D、I、S、C 四种特质,只是比例不一样而已。不管我们什么特质突出,在不同的情境下,都要能随时调用其他特质,让自己成为全能培训师。

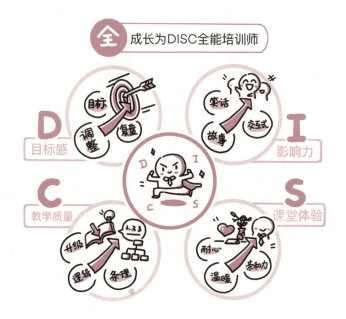

调用 D 特质,强化目标感

每一场培训,不能没有目标,没有目标的培训也就没有任何意义。因此,培训师一定要调用 D 特质的"目标感",保证培训与学员的目标。

作为培训师,要学会明确工作目标,善用 SMART 目标管理法则:

S(specific)——目标要具体。

M（measurable）——目标可衡量。
A（attainable）——目标可实现。
R（relevant）——计划与目标相关。
T（time-bound）——完成要有具体时间节点。

明确目标,也就有了方向感,这样不管是工作还是培训都会干劲十足。

有了目标,就要朝着目标努力,最终达成目标。

调用 I 特质,提高培训的影响力

尽量让学员在愉快的课堂氛围里学习,这样学习效果更好。调动氛围,是每一位培训师都需要修炼的技巧。

课堂上,培训师可以讲些笑话,让学员在笑中就能学会知识点。好故事能让学员更有代入感,引起他们的共鸣和思考。

此外,运用交互式的教学方式,可以让培训过程变得积极有趣。

调用 S 特质,提高课堂体验

一个有温度的课程,才能让学员放下戒备心;一个能关心学员感受的课程,才能让学员感受到温暖。

为此,培训师可以在讲台上摆放设计精美的台卡,或者学习用具,或者一枝鲜花等,让培训室更温馨;在课堂上多些笑容,多关注学员的感受,多给予学员鼓励与肯定,及时与学员沟通。

调用 C 特质,提高培训质量

培训质量决定了培训的成效,反映了培训师的知识水平。优秀的培训师一定要先武装自己,提升自己的认知和思维水平。在设计课程的过程中,培训师要调动

C 特质,让课程更加严谨、有逻辑,让学员学起来更清晰、更方便。在培训过程中,培训师要把培训内容用严谨的语言表达出来,学员更易理解,从而提高培训质量。

巧用 DISC,让我们一起为成为更优秀的培训师努力吧!

陆红连

DISC+讲师认证项目A5期毕业生

中华会计网校讲师

连邦会计创始人

扫码加好友

职业跃迁
——自由讲师的自我修炼

2004年2月,劳拉·纳什和霍华德·H.史蒂文森在《哈佛商业评论》发表了一篇文章《持久成功》。文章中提到,他们发现了持续成功的四个不可或缺的因素——

幸福:对生活的愉悦或满足的感觉。

成就:与他人努力追求的相似目标相比更有利的成就。

重要性:对你关心的人产生积极的影响。

遗产:一种建立你的价值观或成就以帮助他人获得未来成功的方式。

这四个因素是人们追求和享受的成功所构成的基本要素。

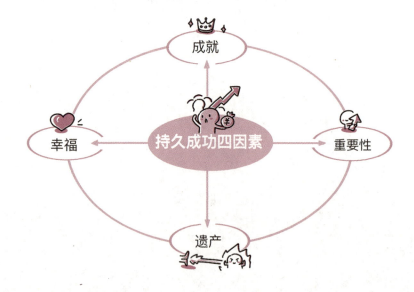

这篇文章给了我很大的启发,更成了我对很多事情的价值判断标准——从一名普通的会计转型做自由讲师,开始了教育事业——可以让我实现持续成功的职业。

于我而言,教育是一件幸福的事情,因为这是我最喜爱的工作;做教育也很有成就感,不仅可以给学员传递知识、答疑解惑,自己也能温故而知新;教育本身也是很重要的;最后,教育是可以帮助他人获得未来成功的方式,只要坚持用心做教育,就一定会让他人越来越好。

在成为讲师的路上,我走了七年。在这个自我修炼的过程中,我遇到了很有困难和挑战,所幸我遇到了 DISC 理论,让我成为今天的自己:我用 D 特质的坚定来制定目标、用 S 特质的耐心来刻意练习、用 C 特质的严谨来持续精进、用 I 特质的魅力来营销自己。

用 D 特质的坚定来制定目标

小时候,我的梦想是当一名人民教师,我认为教师是天底下最神圣的职业。但由于家庭的变故,我不得不早早地走入社会,心中的梦想也就暂时搁置了。

凡事预则立,不预则废。梦想是要有的,万一实现了呢?

2014 年,我给自己制定的目标是:三年内成为一名自由讲师。目标制定以后,我开始关注培训的资讯,想办法给自己创造讲课的机会,即使没有条件,我也要创造条件上讲台。

2014 年 7 月,我第一次走上讲台。

这一年,我刚从会计师事务所离职,开办了一家税务代理事务所,其中一个业务是"会计实操培训"。还记得第一期的培训,我自己写招生文案、制作教材和课件。虽然最终只招来两名学员,但我依然坚持开课,并得到了他们的认可,其中一名学员还留在我的公司实习,现在和我成了很好的同事。

2017 年 8 月,我第二次走上讲台。

经历了职业转型、重新创业、生娃以后,"会计实操培训"没能坚持开办,可我心里还是很向往讲台的,一直想回到讲台上。

2017年8月,一位认识多年的朋友给我推荐了一家会计培训机构,我利用周末兼职给学员讲授初级会计职称考证课程。虽然兼职的时间很长,薪资很低,但我自己乐在其中。当时只有一个想法,别人给我锻炼的机会已经很不错了。

也正是这一年,各大直播平台如雨后春笋般出现。当时正赶上增值税改革,我想着要让学员了解最新的财税政策,就在千聊直播平台创建了一个直播间,每周免费给学员讲一门财税课程,坚持了半年。我现在回想起来,这条路也没白走,至少锻炼了自己的授课能力,普通话水平也提升了不少。目前,我在千聊直播平台已经累计开设了285节课,主要讲授初级会计职称考证以及财税实务。

2018年,我组织线下沙龙。

为了提升讲课能力,2018年3月,我代理了樊登读书会东莞的一个县级分会,利用周末组织书友举办线下读书沙龙活动,到2019年年底,我已经组织了25场线下沙龙。这段经历不仅让我结识了很多正能量的书友,还大大提升了自己的组织能力、表达能力,为以后上台讲课奠定了良好的基础。

2019年4月,我开设线下会计实操私房课。

这是一次勇敢的尝试。我自己开发课程、写招生方案、准备课程物料、布置培训会场,所有的事情都自己来操办,我居然把两天的付费线下课程办得有模有样,还得到了所有学员的一致好评。

我相信,人的潜力是无限的,只要努力,再难的事都能办好。

2019年7月,我的录播课程上线。

我的第一个录播课程"财税人员必知的6大税务问题"在中华会计网校上线了,售价99元,到现在卖了1235份。虽然不多,但也算是一个小小的突破。随后网易云课堂又上线了我的"零基础快速成为会计高手"课程。

每天进步一点点,坚持带来大改变。

格拉德威尔在《异类》一书中指出:"人们眼中的天才之所以卓越非凡,并非天资超人一等,而是付出了持续不断的努力。1万小时的锤炼是任何人从平凡变成世界级大师的必要条件。"

这几年,我在线上和线下讲课时长累计超过了1万小时,成长为一名自由讲师。现在的我,不是在上课,就是在备课,或者在学习的路上。

用 S 特质的耐心来刻意练习

李笑来老师在《通往财富自由之路》中写道：注意力大于时间，时间大于金钱。我也耐心地刻意练习"注意力"，最大效率地利用时间，来赚取更多的金钱。

注意力是我们每个人最宝贵的资源。当意识到注意力的重要作用后，我不再轻易去凑热闹，不去随大流，不去操一些无谓的心。我开始更关注自己每天做的事情，把时间都放在真正能让自己成长的事情上。

经过 1 万小时的磨炼，我终于迎来了自己教育事业上的小小里程碑。2019 年 10 月，国内知名会计教育机构——中华会计网校，邀请我负责广州一所高校的财税实训课程的教学工作，带四个财务管理毕业班的学生。

从此，我开始了学校、公司两头跑的生活：周一至周四在外地的学校上课，每天六节课，周五回公司上班，周日晚上又回学校，风雨无阻。

有朋友说，这样的生活太无聊了，简直是在浪费时间，浪费生命。我的答案是：不。在不断重复和刻意练习中，我的课程讲得一次比一次好，给培训机构留下了很好的印象，同学们也很喜欢我。我享受在台上给同学们讲课的时光，再苦再累，我也愿意。我知道，自己离心目中的梦想更近了。

2020 年，受疫情影响，学校没开学，全部改为线上授课，我就在办公室给同学们上网授课。得益于 2017 年以来在千聊直播平台讲授了 200 多节线上课程，从讲台转换到直播间，我基本没有压力，角色转换很快。一个学期下来，我总共上了 205 节网课。我跟朋友开玩笑说，我简直是最拼的十八线女主播。人生没有白走的路，每一步都算数。

除了学校的授课，我还要教授初级会计职称考证的课程，每周三、六晚上八点到九点半，每周风雨无阻。

逻辑思维的创始人罗振宇说过："职场，或者说当代社会，最重要的能力就是表达能力。因为，在未来社会最重要的资产，是影响力。影响力怎么构成？两个能力——第一写作,第二是演讲。"于是,我又开通了今日头条及微信公众号,开始尝试写作。我看了很多关于写作的书,还报名参加了剽悍一只猫的行动营,跟牛人学习如何写作,慢慢提升自己的写作能力。

用C特质的严谨来持续精进

社群商业战略专家剽悍一只猫说:人要有三品,分别是人品、作品和产品。我以前从来没有想过,其实自己一直都在默默经营着这三品。

人品,是我们在这世上的立足之本。经营好自己的人品,是做一切事情的前提。人品好,别人才会相信我们。

作品,是我们展示出来给别人看的成果。比如,我在今日头条和微信公众号上的文章、微信视频号上的小视频,还有我组织的线下读书沙龙活动,这些都是我的作品。经营作品的意图是打造自己的个人品牌,提升影响力。只有不断放大自己的公开象限,别人才会记住我们。

产品,是我们可以拿来卖的东西,比如,我的线上和线下的课程。当我们的个人品牌影响力越来越大的时候,就要有对应的产品出售,不然就浪费了自己的影响力。

如果我们能把这三品经营好,那么我们将会迎来崭新的人生。我一直在持续精进的路上。近几年,我花了十几万元参加线下有关培训师、课程开发方面的培训课程。我坚信,付费就是捡便宜,成长就是要投资。

2018年4月,我花了1.5万元去武汉参加了秋叶大叔的线下课程。这是至今为止,我投资自己花费最多的一个课程。

2019年1月,为了提升自己的授课技巧,我花了8000元去上海参加了王鸥飓老师的培训课程,全面提升自己的课程开发、授课能力。至此,我找到了自己的培训赛道:培训师知识沉淀,我要向更多的人传授如何成为一名自由讲师。

2020年6月,我又一次去学习了。这次是去参加海峰老师的DISC授权讲师认证班以及 BESTdisc 咨询顾问认证班。以前,我参加学习后,从没有想过要做复盘整理,就算想过,也只是想想,不会去行动,最多就是在朋友圈发几句学习感悟,晒几张学习的照片,博一点眼球,满足自己的虚荣心罢了。

在参加完 DISC 相关课程后不到一个月的时间,我写下了五篇原创文章。其中四篇是关于学习复盘的,一篇是自己在 7 月 5 日做的一场 DISC 线上干货分享的推文。我觉得这次学习给自己带来的改变是实实在在的。虽然到现在还没赚回全部的学费,但是我对自己未来的培训之路充满了信心。

既然是讲师,就应该线上线下、双管齐下。除了会讲课,线上社群运营也不能忽视。

2019 年 10 月,我在微信群组织了一个 100 天读 33 本书的线上训练营,带领一群热爱读书的小伙伴一起读书,一起写读书笔记。第一次尝试做社群运营,过程很艰辛,但收获很大,因为这是一次难得的学习机会。

2020 年 8 月,我又去广州参加了海峰老师的社群运营操盘手实战班,全面学习社群运营知识,并在课后组织了一个七天的共学营,真正运用学到的知识。

现在,我对自己的要求更高了:如果去学习,最低要求是得把学费赚回来,才能去参加下一次。花钱学了东西,不去运用,不去变现,跟没学有什么两样?以前,我总是不敢收费。有一次,我听了曾是英国保诚最年轻的区域总监 Spencer Qu 的线上分享,思想发生了彻底的改变,她说:"你敢卖,别人才敢买!谈钱并不俗气,相反,因为有能力,才有资格谈钱!用金钱检验自己的学习成果,没什么不好的。"

李笑来老师说:"做人就要做一个猛人!猛人就是做得久,想得深,干得狠!"我对猛人的理解是,超级专业!只有做到足够超群、持续精进,才能出类拔萃,才能成为超级专业的自由讲师。

用 I 特质的魅力来营销自己

作为自由讲师,卖课比讲课更重要,所以,要会营销自己。秋叶大叔说过:"不管是做培训,还是做线下活动,都要意识到一点——并不是你让人来了,活动顺利结束了,就能创造满意度。"

课程营销环节做得好,后面的运营和交付才有保障。"酒香不怕巷子深"的年代已经过去了。不管是卖产品还是做培训,前提是得让足够多的人知道。即使是免费的引流课程,我们也要把它当成付费的课程来对待,才能保证营销效果!

如何做好开课前的运营?

运营的本质是服务。做教育必须高标准,高要求,一切要以学员为中心,努力为每一位来到现场的学员创造惊喜的体验。

2019年4月,我组织了一场线下会计实操私房课。开课前两个月,我先做了一次问卷调查,收回来50多份反馈。朋友们无私地给我提了很多实用的建议,让我的课程体系更为完善。调查也形成了一次很好的传播。

开课前一个月,我建立了微信答疑群,节选了一部分课程内容做了一场免费的线上分享,同时做了课程宣讲,让意向学员对课程有了更多的了解,建立起更多的信任。

开课前半个月,我安排助教一对一跟学员沟通,了解学员对课程的了解程度和学习目标等。知己知彼,才能做好后续的课程安排,比如线下分组的时候,安排新老学员坐在一起,以老带新。

开课前一周,我建立了班级微信群,请学员先在线上互动,发自我介绍和照片,先彼此了解,营造良好的学习氛围。同时,我请助教提前发布培训场地的具体地址、出行路线、注意事项等。细致入微的运营服务,让学员没有后顾之忧。

如何做好交付

海峰老师说过,一个完整的交付系统包括四个阶段:我说你听、我做你看、你做我看、看你做怎样。

第一阶段:我说你听

开课前两天,我会把完整讲义电子版发给学员,让学员有时间充分预习,帮助学员提前熟悉基本概念。这样不仅能做好课前热身,还能减轻线下学习的负担。

第二阶段:我做你看

在课堂上,我会拿真实的财务案例做拆解,把学员第一阶段了解到的内容运用到实际场景中,给学员做示范。

第三阶段:你做我看

在课堂上,我会现场模拟使用场景,让学员做实战演练。听到的、看到的都不算数,能做出来的才算数。

第四阶段:看你做怎样

在课程结束后,学员有一个月的真账实训。我会指出学员实训过程中存在的问题,给出合理的建议,做好教学反馈。

通过这四个阶段做好课程交付,让学员真正学到知识,从而带来口碑效应,这是一个讲师最期望看到的。因为金碑银碑,都不如学员的口碑。

讲师的幸福

我热爱教育事业,在自己不断成长的道路上,我愿意付出毕生的精力投身职业教育行业,用行动影响行动,用生命影响生命。

赵咏华演唱的《最浪漫的事》里有一句歌词:我能想到最浪漫的事,就是和你一起慢慢变老。现在我想说,我能想到最幸福的事,就是看着学员慢慢进步,和学员一起成长。

2012年至今,我一直从事财税培训、财税代理和咨询工作,其间也经历了职业转型,但最终还是在自己最擅长的行业做了一名自由讲师。我相信,只要通过不断的积累、耐心的传授、持续精进,我必将获得持久的成功!

在自己35岁生日这一天,我给自己许下了一个愿望:我希望把自己成为自由财税讲师的经历分享给更多愿意从事财税职业教育事业的朋友,未来一起开创5000亿规模的财税职业教育事业。

正如罗曼·罗兰所说:世界上只有一种真正的英雄主义,那就是在看清生活的真相以后,依然热爱生活。曾经偏离梦想,但我的内心从来没有放弃过。将来,我希望自己的墓志铭是:这不仅是一位优秀的企业家,更是一位伟大的教育家!

第五章

让人生更丰盛

黄源清

DISC+讲师认证班A5期毕业生

企业培训师

个人成长教练

扫码加好友

效能突破
——个体崛起时代如何自主掌控人生

在医院进行最后一学年的临床实习时,我对未来充满了迷茫,常常在夜深人静的时候,独自走到宿舍楼的天台,仰望遥不可及的星空。

一次偶然的机会,我阅读了史蒂芬·柯维的《高效能人士的七个习惯》。在这本书里,我第一次接触"效能",并对此产生了浓厚的兴趣。后来,我认真学习了心理学家阿尔伯特·班杜拉的《自我效能:控制的实施》和职场教练应用先驱约翰·惠特默的《高绩效教练》等书籍,还拜读了孔子、孙子、王阳明等先贤的大作,陆续打开了一扇又一扇"效能"世界的大门。

在探索的过程中,我知道了知彼解己的重要性:一个人,最重要的是认识和了解自己,然后才能发展自己,才能和他人、这个世界产生联结。

我希望能够由己及人,让更多身处迷茫的人能够改变现状,实现效能突破,自主掌控人生;让处于低效能的组织实现效能突破。接下来,让我们一起开启效能突破之旅吧!

何为效能突破

效能突破,是改变的过程,也是改变的结果。

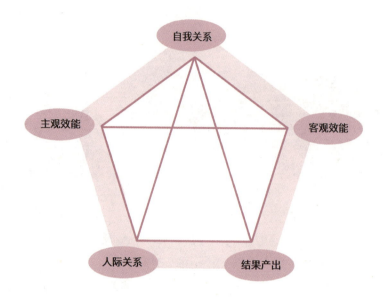

从不敢做到做到，中间的过程是改变，做到则是改变的结果；从年销售额 50 万，到年销售额 100 万，中间的过程是改变，100 万则是改变的结果。前者被称为"主观效能的突破"，后者被称为"客观效能的突破"。

"主观效能"是针对主观心理状态而言的，作为一个底色，对人的决策和行为产生影响。心理学家阿尔伯特·班杜拉在 1977 年提出的"三元交互决定论"中指出，人的主体因素、行为、环境三者之间是相互作用、相互决定的。其中有一个重要概念，叫"自我效能感"（self–efficacy）——人们对自身能否利用所拥有的技能去完成某项工作行为的自信程度。

"客观效能"指的是效率、效益，这是针对客观结果而言的。结果出现了，才能计算出效能水平的高低。比如企业生产经营活动中计算的投产比，投产比高就意味着效能高；人力资源发展中"减员增效"的需求，增加的就是效能。

主观效能包含了"所拥有的技能"和"自信程度"两个部分，它与一个人的能力水平相关，但又不等同于个人的真实能力水平。自信程度的差异，会导致技能发挥水平的差异，技能发挥水平又反过来影响自信程度。

通过笔试、实操测验、真实任务等方式，可以对一个人的真实技能水平进行评估，得到个人技能相对的"真实水平"。在"真实水平"以上，属于超常发挥的"激发水平"；在"真实水平"以下，则属于失常发挥的"抑制水平"。

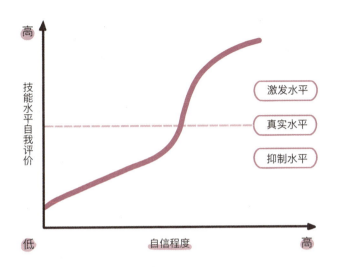

影响技能水平发挥的因素众多,但就内因而言,自信程度——我觉得自己行不行发挥了核心作用。

阿尔伯特·班杜拉的研究表明,主观效能还与四个因素有关:

亲身的经历——成功或失败的体验。

旁观的经历——以他人为参照的成功或失败体验。

言语的说服——激励、赞美或否定、打压。

身心的状况——身体、心理的健康状况。

亲身经历的成功体验、看到别人和自己条件差不多而取得成功、别人对自己的积极反馈和鼓励赞美、身体健康和情绪平稳,都有助于增强主观效能。反之,亲历或旁观的失败经验、别人的否定和打压、身体疲劳或有疾病和心理障碍等,则会削弱主观效能。

主观效能比客观效能更为重要。如果自己觉得行,可以胜任,才会去做,才会在过程中攻坚克难,谋求做出结果。

自我关系和人际关系属于主观效能的范畴,是自我关于"我行不行"的答案,因此,这两重关系实际上关乎个人能否和自己和谐自处,能否和他人和谐相处,并在自处、相处中创造价值,实现结果产出。

自我关系——高效能的人有清晰的目标感(我要做什么)、持续的行动力(我要怎么做)、正向的自我评价(我做得怎么样),以及遭遇挫折时的快速复原力(我能继续做)。低效能的人,则相反。

人际关系——包括家庭关系和工作关系。家庭关系包括伴侣关系、亲子关系、父母关系;工作关系包括向上关系、向下关系、横向关系。高效能的人,能够通过赋能他人来实现自己的目标,并且在这个过程中,使双方都能获得能量。

影响结果产出的因素比较多,主要包含目标设定、目标分解、过程管理等环节。

假设我负责某区域的销售工作,今年背负的指标任务是 100 万元销售额。要想完成目标,产出结果,首先要进行目标分解:所负责区域有多少个客户,得出对应客户的销售目标,再按照 12 个月进行分配。

然后,怎么去实现呢?仅把数字写在本子上,是无法达成目标的。很多人就在这一步陷入了"忙茫盲"的境界——瞎忙,导致迷茫;迷茫,导致盲目;盲目,导致瞎忙——效能的负向循环。目标达不成,提成拿不到,只能靠基本工资生存。

如何破解呢?以上述动作中的目标分解为例,可以改用这种形式:

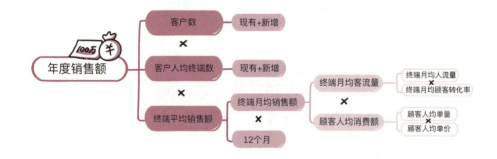

这本质上是把目标分解这个动作转变为目标实现公式,用数学公式的方式呈现行动路径。路径分解得越细,指引性越强,过程管理也越精细。

效能突破的抓手

查尔斯·狄更斯在《双城记》中写道:"这是一个最好的时代,这是一个最坏的时代。"这句话也同样适合当下。管理学家陈春花也说这个时代"充满动荡和混乱"。我们每一个人都活在这个背景之下,身处持续的"危机"之中。

基于对效能的两重认知,我们如何增强主观效能,提高客观效能?基于效能的影响因素,我们如何利用或规避相关影响?这些问题的实质,就是如何实现效能突破。

效能突破的第一抓手

实现效能突破的第一抓手,在于自己必须展现出主动性——在挫败中主动进取,在变化中主动进取。因为,不主动,就被动。

在培训课堂上,在团队会议中,很多人都展现出巨大的主动性——壮志豪言,誓要自我突破。结果却是:课上、会上无比激动,课后、会后动也不动。

毋庸讳言,光有思想上的主动是虚的,行动上的主动,才是实的。

如果想要改变现状,实现效能突破,自主掌控人生,首先第一件事情,就是进行主动性效能评估。问问自己:是真的想,还是假的想?是想一下而已,还是一直在想?想完之后有没有去做?做了多少次?做得怎么样?

下图的精髓,在中间的45°虚线,我称之为"知行合一线"。想得多,做得少,只取得"效能绩点1";拍脑袋想了想,就甩开膀子蛮干,只取得"效能绩点2"。前者难出结果,后者容易跑偏。

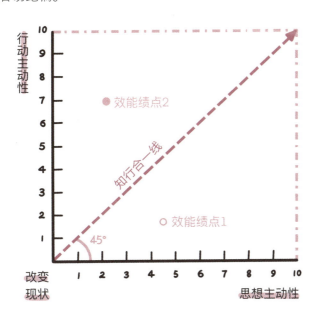

第五章 让人生更丰盛

孔子倡导"学而不思则罔,思而不学则殆",王阳明则倡导"知行合一"。他们倡导的治学方法是相通的,同样适用于效能突破——既要有思想上的主动性,也要有行动上的主动性,不可偏废。

如果你也有一个要"改变"的想法,不妨自问:满分 10 分,我的思想主动性有几分,行动主动性又有几分?

效能突破的第二抓手

"知彼知己者,百战不殆。"要实现效能突破,我们不仅要认识和了解自己,还要了解别人。因为在主观效能的四个影响因素中,有三个——亲身的经历、旁观的经历、言语的说服都是与他人相关的。如果影响不可避免,那么我们何不主动选择影响源?

如何更好地了解自己、了解他人,做到知己知彼?心理学家威廉·马斯顿在 1928 年出版的著作《常人之情绪中》提出的 DISC 行为风格分析理论是一个很好用的工具,它就是效能突破的第二抓手。

DISC 理论认为一个人的行为具有相对稳定的倾向性,这种倾向性会透过言谈举止体现出来,因此可被识别,也正因为如此,DISC 理论被发展为一种人力资源测评工具,并广为流行。

我们每个人身上都有 D、I、S、C 四种特质,只是比例不一样而已,所以呈现出来的行为风格和应对策略也有所不同。面对"效能突破、自主掌控人生"这样的命题,每个人的反应也会截然不同。

D 特质人士与效能突破

D 特质明显的人,其主动性效能评估的效能绩点会在纵轴的高位。

他们意志坚定,掌控欲强;喜欢快速决策、快速行动,坚信自己的判断;更关注事情本身,喜欢就事论事,而不关注事情中相关的人处在什么状态,因而不容易得到别人的反馈。

效能突破点：勤奋的脚步踏在正确的道路上，才叫努力。将先思考后行动的 C 特质人士和更关注他人感受的 S 特质人士纳入团队，能起到很好的互补作用。或者从完善自我的角度出发，有意识地增强自身的 S 和 C 特质。

I 特质人士与效能突破

I 特质明显的人，其主动性效能评估的效能绩点也会在纵轴的高位。

他们重视人际关系和荣誉，喜欢群体生活，是天然的乐观主义者，富有浪漫色彩和想象力；他们善于描绘愿景，想法多变，但不够坚定；重视人际关系，喜欢群体生活，容易受到他人影响。

效能突破点：如何坚定下来，如何避免过度受影响，是 I 特质人士需要修炼的功课。将更关注事情的 D 特质人士和 C 特质人士纳入团队，作为互补，或者从完善自我的角度出发，有意识地增强自身的 D、C 特质。

S 特质人士与效能突破

S 特质明显的人，其主动性效能评估的效能绩点会在纵轴和横轴的低位。

他们最喜欢的是稳定，最厌恶的是变化。所以，当一个 S 特质的人声称要改变现状，实现效能突破的时候，就要给予更多的支持，促进他行动。同时，S 特质的人也容易受到他人影响，不敢选择——尤其是那些与其他多数人不同的选择。

效能突破点：加入行动力强、更关注于事情的 D 特质人士组建的团队，作为互补，或者从完善自我的角度出发，有意识地增强自身的 D 特质。

C 特质人士与效能突破

C 特质明显的人，其主动性效能评估的效能绩点处于纵轴的低位、横轴的高位。

他们喜欢思考、钻研，可以培养其在特定领域内的洞察力，并更有可能成为领域专家。所以，当他们声称要改变现状，实现效能突破的时候，一定做好了充足的准备。

效能突破点：他们往往会陷入矛盾的分析中，不断地小心求证，却忘了大胆假设，可加入行动力强的 D 特质人士和 I 特质人士组建的团队，作为互补，或者从完善自我的角度出发，有意识地增强自身的 D、I 特质。

通过 DISC 这个工具，一方面，我们可以进一步了解自身的行为风格特质，扬长避短，自我完善，增强主观效能；另一方面，我们能以此为指导，用于团队建设和整合，彼此互补，在面对外部客户时，通过分析对方的行为风格特质，采取相应行动，促进双方合作，从而提高客观效能。

效能突破的第三抓手

要改变现状，实现效能突破，自主掌控人生，明确目标是非常关键的步骤，这也是效能突破的第三抓手。

我已经在前文中展示了如何把目标转化为行动路径。这里面其实蕴含了一个重要启示：目标即路径。改变现状之道，不在于把问题一个个消灭，而在于树立一个目标，把精力聚焦在目标上。

比如，我们要过河，但是没有桥，怎么办？没有桥，是一个问题，如果是问题导向，那就应该建桥；如果是目标导向就不一样了，目标是到达对岸，我们可以造船过河，可以借船过河，甚至游泳过河，或者等到低水位的时候，蹚水过河。这就是聚焦目标的关键所在。

相比主观效能，客观效能更容易明确一个量化的目标。如果 C 特质高的人，想要增强自己的 I 特质，怎么办？

基于目标导向，先把实现后的图景描绘出来，再把现状的图景列举下来，在对比中，寻找解决方案。

效能突破的两个日常工具

实现效能突破也需要工具。

主观效能是自我关于"我行不行"的答案,对于需要增强自信心的读者,我列举两个日常工具供大家参考选用。

工具一:成功日记

成功日记以日期为单位,记录成功体验,包括亲历的成功体验、旁观的成功体验、书籍中看到的成功案例。记录过程遵循固定框架:结果—原因—启示。

结果:三天没想出来的选题,终于想出来了。

原因:连续三天时间,一直在思考和寻找素材。今天凌晨两点突然产生了灵感,连忙爬起来快速画下思维导图,解决了选题的问题。

启示:念念不忘,必有回响;念念不忘,才有回响。

以这样一种固定框架记录的好处:一是逻辑清晰、直观,以结果为导向;二是内容精练,避免烦琐;三是不同记录之间可以对照,产生启发。

日常工具二:每日宣言

你是否常常发出这样的声音:我害怕、我不行、我不够好、我配不上……

这些属于限制性信念,认为事情还没开始就已经结束、输了。冰冻三尺非一日之寒,所以我们可以采用"每日宣言",一天一天地积累起主观效能的火苗,融化积累日久的坚冰。每日宣言分为四个步骤操作:

写下限制性信念:"我不敢参加考试,我有考试恐惧症,我会考不过的。"

正面转化:"我很勇敢,我喜欢考试,我能够过关。"这个转化存在天然缺陷,真

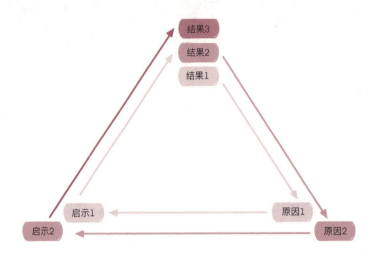

的可能再次失败，因此需要深度挖掘限制性信念产生的原因，但这一步并不多余。

深度挖掘：恐惧考试背后是曾经的失败体验，造成的巨大痛苦。排斥考试的背后，是拒绝接纳曾经的失败，拒绝接纳曾经的自己。排斥考试，实际上是排斥过去的自己。

提炼出宣言："我接纳一切过去，我接纳我自己，我满怀希望，我充满信心。"

限制性信念可能会呈现出多种多样的形式，但是其内在深层的原因，并不会太多。这个过程是剖析自我的过程，会感到痛苦，但是值得。每日宣言控制在5～8条即可。

信息时代的技术赋能

信息时代，原本受限于信息传播途径和范围，只由少数人掌握的知识、技能、经验等"信息资源"，借由互联网扩散，实现了信息资源的扁平化。

信息资源实现扁平化扩散的同时，信息源影响力也在扩散。每个人都可以成为信息源，输出信息，塑造个人影响力。输出形式变化的背后，是技术的进步和成熟。可以说，技术进步让个体在这个时代获得了前所未有的机会和能量。

如今一批强势能的个体不断涌现。一个人或一个团队阶段性创造的业绩，就能够顶一家公司一年创造的业绩，屡屡刷新人们对于个体能量的认知。我们完全有理由相信，这是一个个体崛起的时代，借助网络，人人都有机会成功。

"变化"成了这个时代最核心的关键词，也成为无论是个体还是组织都需要直面的现实——无可阻挡的时代趋势，正如孙中山先生所说："世界潮流浩浩荡荡，顺之则昌，逆之则亡。"

机会只青睐有准备的大脑。对于个人而言，必须在当下这个个体崛起的时代重新审视自己：如何为自己积蓄更多的能量，创造更多的可能？以怎样的方式与组织共处？

不管是选择个体崛起，还是依托于组织发展，我们都比以往任何时候更需要把握机遇——从意识层面到行动层面，再到结果层面——改变现状，实现效能突破，自主掌控人生。

陈婉莹

DISC+讲师认证项目A4期毕业生
个人品牌商业顾问
前财务运营总监
CIMA特许管理会计师

扫码加好友

职场跃迁
——财务人员快速晋升指南

美国著名心理学家麦克利兰提出过一个著名的"冰山模型",把个体素质的不同表现划分为"冰山以上部分"和"冰山以下部分"。

以财务人员为例,"冰山以上部分"包括基本知识、基本技能,例如财务人员应取得的各类职称和资格证书、学历等,是可以通过培训来获得的,也能从简历等外在层面看到,这些是硬实力。

"冰山以下部分"包括角色认知、情商和智商、价值观、特质和动机等,是人内在的、难以测量的部分,这些是软实力,是每一个管理者都应花时间和精力好好打磨的。

作为财务工作者,要实现职场跃迁,可以从打造硬实力、向上管理、带好团队和做好平行管理四个阶段来提升自己。

练好基本功,打造硬实力

财务人员的第一份工作,往往是从担任企业出纳、会计,或者负责事务所审计事务开始的。刚开始的工作内容都比较细致琐碎,如审核票据、记账做表、装订凭证之类。

简单、重复、无趣,是很多财务人员刚开始工作时的感受。任何一种工作,重复得多了,会消耗掉很多工作热情。如果我们想摆脱这样的困境,就要学会为自己"加码",增加戏码和筹码,来争取更有挑战性的工作。

增加戏码

我的第一份工作是在一家大型制造企业做费用和资产会计,每天除了审核各类报销票据,就是做账。

很快我就把各项工作都熟练掌握了,于是我开始琢磨怎么能提高报销工作的效率。我把各个部门容易犯的错都梳理出来,形成培训文档和PPT,给各部门做培训。此后,员工们提交的单据问题越来越少,我审核也越来越快。

在整理资产台账的时候,我发现公司在固定资产和在建工程的管理方面有问题。例如,没有统一管理和盘点资产的部门;对于在建工程达到什么状态算是竣工,没有人来做评估。

全公司不算存货,光车辆、电子设备、机械设备这些固定资产就价值几千万,更别提厂房、食堂、办公楼等这样的在建工程。我发现,如果管理流程不完善,各部门职责不清晰,很容易出现巨额资产流失和舞弊现象。

可是只靠我一个人,是不可能解决这么大的管理问题的。于是我汇报给上级,牵头各个部门领导一起讨论,最终梳理出一份资产管理制度,规范各部门在各时期的动作,并以红头文件形式下发到集团及各个子公司。我也因此获得了领导的关注和赏识。

重复是工作的常态,对于企业来讲,重复意味着产出有保障。如果能在重复的基础上,想办法提升效率,优化流程和结果,那就会大有裨益。

有人会说,有些非自己职责范围内的事,不是大家看不到,而是大家不情愿做,说白了就是多一事不如少一事。如果把它想成一个麻烦,它可能就成了一个麻烦;如果转换思维把它当成机遇,它就会成为职场晋升的机遇,为何不努力去争取呢?

增加戏码,展示价值,让更多人看到,就容易获得更多机会。

增加筹码

除了主动优化工作，让领导看到你的成绩以外，对于技术型人才来说，要不断考取各种职称和资格证书，这些都是工作能力的体现。

对于考证，最初我是有抵抗情绪的。从小到大，我都是外向活泼、爱唱爱跳的，喜欢组织活动，在学校不是班长就是大队长，要么是主编和主席。一毕业就被框在方格子的工位里，时间久了，人也变得爱较真儿、抠细节。我跟家里人说我不喜欢财务工作，也不喜欢闷头学习、考试，感觉人都变傻了。

当时妈妈说了一段话，我记忆犹新。她说："这世上没有多少人能做自己真正热爱的事情，并以此谋生。热爱是一回事，工作是一回事，两者能结合是幸运。不过真正有本事的人，是能把不喜欢的事情照样做好。我知道你复习考证很辛苦，虽然我也心疼你，但如果年轻时不多吃一点苦，老了就会吃更多的苦，我宁愿你现在苦一些。"

是啊，热爱唱歌和表演的她，在那个时代没有条件和机会去学表演，并从事艺术工作。妈妈从师范学校毕业后，就成了一名老师，每天辛苦备课批改作业。这些未必是她喜欢的，但凭借着一股拼劲儿，妈妈30岁就成了当地最年轻的校长。

这番话激励我考过了中级会计职称，通过了英国国际会计师、CIMA 特许管理会计师考试，还出版了《新手学会计》《新手学出纳》等几本专业书，我考进了北大光华管理学院拿到会计专业硕士学位。这些筹码，不但成为我后来跳槽去世界50强外企的资本，也帮助我从基础会计走向管理岗位。

向上管理，借势资源

作为一名基层工作者，有时候要出成绩光靠自己是不够的，需要领导提供资源和支持，向上管理和借势就显得很重要。

然而,很多人都觉得自己是无名小卒,哪里轮得到自己去管理领导? 更何况,看到领导害怕得都想躲,更别说什么向上管理了。害怕跟领导沟通是很多职场人士的通病,但其实,下属与领导之间的区别只是分工不同而已,彼此都是平等的。

我们对待领导的态度,决定了职场晋升之路是快还是慢。聪明人不会把领导当权威,而是把领导当资源。彼得·德鲁克说:"任何能影响自己绩效表现的人,都值得被管理。"

关于做好向上管理,以下几个原则必须掌握。

用I特质,主动反馈

沟通和汇报是日常工作的一部分,要养成习惯主动汇报进展,不要等着被催问。如果领导需要主动去询问下属才得以了解其工作进展,时间久了他会怎么想?可能会认为我们工作不积极、不上心。

所以,我们要发挥I特质,主动反馈,凡事想在领导之前,让领导感觉一切尽在掌握。

用 C 特质，做好准备

很多领导有自己的日程表和节奏，不喜欢中途被打乱。如果要汇报工作，建议提前预约时间，最好以书面形式。

另外，准备好要汇报的问题和建议的解决方案。很多职场新人容易犯的一个错误，就是不经过思考就提问，把问题抛给领导。

所以，我们要发挥 C 特质，提前准备好必要的数据，带着方案去汇报，给他一个可执行的选择方案。这才能体现我们的价值，才能使我们更容易在职场获得领导的重视和晋升。

用 D 特质，先说结果

在汇报中，如果不能在短时间内抓住上级的注意力，对话有可能会被打断。

所以，汇报时，要发挥 D 特质，用最简短的表达，阐明问题、目的和核心思想，先说结果或者想解决的问题，再给出可行的建议。

同时，最多不要超过三个重点，这样领导会认为我们思路清晰且工作细致。

用 S 特质，寻求帮助

在主动汇报或者接到领导交办的任务时，我们可以转换思维，主动求助，将领导也作为资源，给他"安排"一些任务。

寻求帮助并不是表示自己没有能力。在职场中，领导的信息、能力、视野和资源都要比我们多，和领导结盟办事才是最高效的工作方式。

所以，我们要发挥 S 特质，寻求领导的帮助，获得他们的支持和资源。

我在处理公司资产管理的问题时，也是用这种方式来向上管理，并借势得到资源的。

用 I 特质，主动反馈：当我发现公司存在资产及在建工程管理问题时，主动跟财务部经理反馈我的发现和困扰，争取了他的授权去做调研。

用 C 特质，做好准备：得到领导授权后，我去库房及各相关部门做访谈和调查，梳理流程，调查清楚每个环节的关键节点和具体负责人，整理数据。接着，我整理了在建工程竣工及造价评估流程、固定资产管理制度各类需要签字确认的文件，以及遇到的问题清单，例如某些环节没有负责部门和责任人、权责不清、某个流程之间没有对接等等。

用 D 特质，先说结果：在整理完问题、现状、数据、建议方案后，我先跟经理汇报说明了问题的重要性和严重性，解决问题需要借助 CFO 的支持和协助。于是，经理预约了 CFO，我们一同向 CFO 做了汇报，先阐述问题、现状、可能导致的后果，来说明问题的紧迫性，接着提出了建议方案。

用 S 特质，寻求帮助：最后我们提出需要 CFO 提供哪些协助，我们之间要怎样配合。CFO 帮忙联系了各部门的副总和相关责任人，发起讨论会。我在会上做了 20 分钟的简要汇报，继而全员讨论，逐一敲定了每个问题的负责人、解决方式、对接流程等细节问题。

经过一个上午的会议讨论，我们形成最终的制度文件，请相关部门会签，并以红头文件形式在集团及各个子公司下发。此后，不但公司的资产管理更加规范、工作效率得到提升，我也因此获得了很多部门领导的好评。

想在职场晋升的员工，要懂得利用自己能解决某些问题的优势，让领导看见自己的价值，并给予支持和鼓励。领导也乐于看见，由于自己的帮助，员工逐步变得优秀。

带好团队，飞轮效应

从一名技术好手、业务骨干，被任命为别人的上级以后，我们就要开始带团队。

这时，我们会发现自己三分钟就可以搞定的事，教会下属可能要两个小时。我们心里或许会想：有这个时间教他还不如自己直接做了。这是很多技术型人才转向管理岗位时都要面对的问题。

当管理者，不仅仅要在专业方面很厉害，还要把下属带起来，就算自己不在，工作照样能运转；帮助下属快速成长，可以主动分担责任。

当专家很容易，当管理者就不容易了，特别是比较内敛的技术专家。很多管理者容易陷入两种情况：一种是对下属非常友善，谁都不得罪，团队其乐融融一团和气，但是任务分配不下去，不出成绩；一种是对下属非常强势，用各种考核指标施压、推动业务，但团队离职率很高。

现在上级和下级的关系，更像是球队教练和球员的关系。不管是什么行为风格的教练，都不能替代球员上场踢球，而是要去调动球员的积极性、训练球员的能力、布置赛场战术。

用 D 特质，建立团队目标

对于工作，每个人想要得到的东西都是不一样的。有的是为了学习，希望得到快速成长，最害怕学不到东西；有的是为了成就感，害怕辛苦做出来的成果不被认可或者被人抢走；有的把工作当作战场，总不自觉地跟他人竞争，最害怕同事拖他后腿；有的只看重工资和待遇，不在乎是不是加班，钱到位就行；还有的把工作当成饭碗，能养活自己，工作过得去就行。

作为管理者，首先要了解下属最想要什么，同时要让下属知道自己能给他带来想要的。有些管理者认为，激励员工只有升职和加薪这两张牌能用。当我们了解下属，挖掘出他们的核心需求，就会有更多能打的牌，例如提供培训学习的机会、提供展示自己的舞台、给予认可和表扬等等。

不同的下属，在不同的阶段，看重的东西是不一样的，要"对症下药"。他们不会直接告诉我们，因为有时候他们自己也不清楚自己的核心需求是什么。作为管理者，我们需要花些时间创造机会与下属沟通并仔细观察。

比如，上有老下有小、作为家里顶梁柱的下属，希望有更多的现金收入，那就可以通过设置明确的 KPI 考核标准，用绩效来激励他；如果是"一人吃饱全家不饿"的下属，他对个人成长更为在意，就可以设置参加培训的准入条件，甚至通过为他开小灶这样的形式来激励他；而对于渴望快速晋升的员工，可以给他更多的机会和挑战，同时关注他对自己未来职业发展的规划。**目的就是帮助下属把个人发展目标与现有的工作结合起来**。聪明的上级，不会抱怨为什么下属欲求不满，反而会好好利用这些需求，驱动下属完成工作。

如果他们能够明白是为了满足自我需求而工作，而不是被动地完成工作任务，就不会眼睛盯着外面的机会，也不会"做一天和尚撞一天钟"。这样我们也不用管他们有没有偷懒，毕竟干活有奔头的话，他们自己会主动工作的。

除此以外，管理者还要建立团队的共同目标和愿景，并且非常清楚地告诉下属**他的岗位职责，他在团队中承担的角色和意义**。每次给员工分配工作时，管理者要告诉他这件事的目的和意义是什么，要达到什么样的效果和目标，什么时间反馈。

有些管理者，布置工作就像批改作业：

"小张，把资金预算表更新一下，整体缩减 15%。"

"小张，还得更新一下，这不能按照月度平均缩减开支啊，上半年先缩减 10% 吧。"

这种布置工作的方式，员工体会不到自己在团队中的重要性，而且也容易变得消极被动，只会想："领导怎么说，我就怎么做呗。"慢慢地，他们就会放弃独立思考。

如果换种方式，说："小张，由于疫情影响，公司现金流遇到困难，必须节约开支。你是财务部的核心员工，咱们之前的资金预算你拿出来重新调整，看哪些不必要的部分可以砍掉，做一个新方案出来。先按照全年整体开支下降 15%、截至 6 月份整体缩减 10% 这个目标来做，如果还有更好的方式，你来补充。我们明天上午 11 点先过一版，如果你时间上有问题，及时沟通。"

这样的沟通，第一，建立下属对工作的价值感，调动其积极性；第二，让下属了解每项工作的目标和意义，激发下属主动思考；第三，明确任务要求和反馈时间，大家心里有谱，不用反复催。

用好 D 特质，就是通过设定目标和要求去带团队，建立起一种"结果导向"的团队文化。

用C特质，培养得力干将

交代工作还不够，聪明的管理者懂得花时间去培养得力的干将。在培训方面做好流程设计，掌握以下四点，可以事半功倍。

我说给你听

这一步的关键是交代清楚：要做什么事，为什么做，怎么去做，做成什么样。另外如果下属经验不足，最好帮他拆解任务、建立流程，记住强调重点。

如上文提到的案例，可以这样补充：

缩减开支这事儿，可以按这个步骤来：

1. 先把必要的固定支出列出来，比如房租水电、人员工资等，这部分不能缩减。

2. 剩余的开支分成两部分，一部分是可以直接砍掉的，一部分不能砍掉的，看能缩减多少，以及可否调整账期。

3. 各部门可以缩减的费用，提前与负责人沟通一下，沟通时注意强调这件事的重要意义和紧迫性，关于公司资金情况，务必保密。

4. 提前预约各部门负责人，以免临时有事预约不到，如有必要我在场，提前知会我。

以上这些，我讲明白了吗？还有哪些不清楚的？如果缩减销售部开支，你会怎么做？

你说我听听

最后这个问句，就是第二步"你说我听听"。有些管理者认为，自己都讲明白了为什么多此一举，但其实下属未必马上就能清楚。下属有不明白的，可能也不敢主动问。如果我们提出一个具体的问题，让他发表看法，提出疑问，就能检查下属是否接收到信息了。

在他陈述的时候，我们也许还能想起一些注意事项，比如说对某个部门的负责人,用什么样的沟通方式比较好。在这个互动的过程中,下属对该怎么办好这件事,算是搞清楚,心里有底了。

 带你做做看

一些稍复杂的工作,在下属刚接触时,需要带他做个示范。这样做的好处,一方面是让下属复制我们的工作方法,避免自己瞎琢磨影响效率;另一方面是避免自己脱离实际业务,不了解实际情况。

聪明的管理者,在带下属的时候,不但能让他养成良好的工作方式和习惯,也能培养下属主动发现一线业务问题、推动解决问题、优化流程的能力。这样,下属跟着我们,就会获得成就感,也更容易建立起对我们的信任。

比如,跟各部门沟通预算问题时,可以带着下属参加沟通会。前几次我们来主导,让下属记录要点,会后一起做复盘;后面几次让下属来主导,我们在旁边进行观察和记录,会后再复盘。这就到了第四步——"你来做做看"。

 你来做做看

在下属做的时候,注意不要打断他,只需要记录,不然会打击他的信心,他会总害怕做错。有时,他不错一次,自己记不住。

反馈时,一定要让下属自己先说,我们再点评。反馈主要针对这几个方面:完成情况如何,哪里表现好,哪里可以优化,下一步有何计划。让下属先说,既锻炼了他提取重点和语言表达的能力,又能让我们更了解下属的想法,也有时间思考怎样去反馈。

反馈时注意不要否定对方,人对于被否定会有本能的抵触,建议把"哪里做得不好、不对"换成"怎样还可以做得更好"。找到对方的不足之后,首先让他认识并重视这个问题,再有针对性地加强引导和培训。

有一次和下属的复盘中,我发现他们由于经常做"对事"的工作,很少"对人",导致在人际关系敏感度、沟通表达和公开汇报方面的能力比较弱。于是,我分别给团队做了 DISC 理论和演讲方面的培训,让大家轮流演练,彼此反馈。一段时间下来,大家的能力都有显著的提升,有的甚至还收到了其他部门的公开表扬。

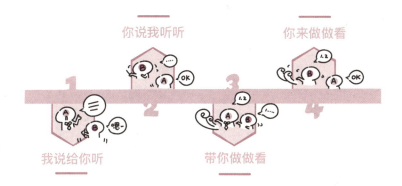

用 I 特质,激励团队士气

在分配工作、培养下属方面,如果只有任务和目标,不懂得激励下属,没有人情味儿,这种管理者带领的团队也是走不远的。关于激励下属,管理者要分清楚哪些是保健因素,哪些是激励因素。

保健因素是指造成员工不满的因素,比如工作条件、公司环境氛围、公司制度等等,是外在的;激励因素是指稍有改善就能提升员工满意度的因素,比如对工作的认可度、成就感、团队归属感等等,是员工内在的。

保健因素做不好会引起员工不满、消极怠工,但保健因素做好了也不一定会调动员工的积极性。只有激励因素得到满足,才能激发员工的工作热情,提高生产效率。**所以,管理者还要时常挖掘下属优势,给予机会和肯定,给下属成就感;做好团队建设,给下属归属感。**

当下属工作状态出了问题,如果不是外在因素影响,就需要琢磨一下当前的工作是否能给他成就感,能否为他提供发挥优势的空间。不一定出纳只能管现金,费用会计只能审核报销,其实部门还有很多公共事务,可以考虑把这些事务分配给下属。比如,出纳很擅长沟通,那么除了管钱,还可以让他对外协调;会计除了记账,之前有多年的审计背景,那么可以让他做审计项目的对接人。这样可以帮助下属进行自我探索,挖掘更多潜质。

不管是在公司哪个部门,下属有几个人,不管自己是怎样的管理风格,团队建设都是一定要做的。一个组织的凝聚力,都是通过一次次的团体活动逐步建立起来的。哪怕同一个公司,不同部门员工的精气神都不一样,这跟管理者的团建能力息息相关。

团建不只是吃吃喝喝,更重要的是创造机会让大家共同参与,让大家玩儿在一起,学在一起。比如,找一个大部分成员都感兴趣的项目。我曾经带着部门员工一起玩"狼人杀",在玩的过程中,可以看出大家的逻辑分析能力、语言表达能力、观察能力、演技水平和心理素质。几次下来,员工对于团队工作的热情、对彼此的信任度和工作配合度都更强了。

想要提升团队战斗力,需要每个人都能自我迭代,所以学在一起也很重要。比较高效的方式,就是建立起一种"人人都是组织者"的文化,让每个人都有输出的机会。比如,安排下属轮流在全部门做主题分享,定期组织集体学习,可以是制作Excel、PPT、思维导图这样的硬性技能,也可以是分享一些工作心得这样的软性技能。

除了"玩儿在一起、学在一起",建议每个月、每个季度,定期带团队做复盘,对于做得好、超出预期的员工,要当众给予表扬和鼓励,鼓励他们带新人,分享经验,增加工作的成就感。

用S特质,减少下属离职

影响团队表现的,除了工作能力,也与心理因素有关。因此,在带团队时也要不定期地与下属谈心,倾听他们的声音。

之前我有个下属,工作各方面表现都很好。有一天,她很郁闷地向我提出离职。我猜想是工资低的原因,但没有想当然地去劝她留下,而是问她:"你为什么想离职?遇到什么难事了吗?"

她说:"我来公司一年了,只能怪自己倒霉,错过了涨薪的窗口期。偏偏入职时,没有经验,薪酬没谈好,人力资源专员给多少就是多少。现在房租都涨了,买啥都那么贵，我想跳槽多赚点钱。"她越说越委屈，低下头摆弄自己的衣角。

我拍拍她说："也是，你一个姑娘在外打拼不容易，物价涨了你压力也大。工资的事，你确实很亏，集体涨薪时你的年限没到，也就赶巧了就差那么几天。这件事我一直记着，也在找机会帮你争取。今年的绩效考核我给你报了S（最高级），估计问题不大，虽然跟涨薪没法比，但是能缓解你的一些压力。"

看她脸上出现了一丝惊喜，我问她："除了待遇这点，还有其他你不满意的吗？"

她回答说："其实也没有了，主要就是这个。我也挺纠结的，在你身边能学到很多东西，换一个上司不一定会这么带我。"

我问她："你期望自己能学到什么呢？"

她说："我想跟你一样，以后能对接业务，从战略和业务的层面把握财务管理……"接着她大概说了七八分钟自己对未来的规划。

我心想这姑娘对自己还挺有要求的，我问她："那你觉得，换一个公司，就能做到吗？"

她琢磨一下回答说："估计够呛，像咱们这样线上线下业务都有的公司少，也不一定有人带。"

我说："那你想想，就算你现在跳槽，工资才能涨多少？要是你把该学的都学了，能力水平到位了，那会儿别说其他机会，在公司内部是不是就可以晋升？"

她一下就转过弯儿来了："我明白了，现在还不是我选公司的时候。"

所以，在带团队的过程中，有些问题之所以出现，可能是彼此沟通不够，不了解下属的需求和痛点。我们跟下属谈心，需要掌握这几点：

尽量避免紧张感。跟下属聊天不要用审问式的语气，不要用工作汇报的方式，最好是通过吃饭聊，或者出去一边散步一边聊。

不要过早做评判。很多时候，你是去帮助下属找答案，而不是用主观判断把答案强加给对方。

要认真倾听，通过提问让下属自己找到答案，才能解决"心理干扰"因素。多用开放式问题引导对方思考和说出真实的想法，鼓励对方畅所欲言，比如：发生了什么事？你对此怎么看？你试过哪些办法？你还需要哪些帮助？

谈心之后，要制定行动计划，有执行才有可能真正解决下属的痛点。

平行管理，业财融合

近几年，在财务圈里，我发现一个非常有意思的现象，也让人不禁有打冷战的感觉。因为之前帮不少同行对接了不错的工作职位，我陆陆续续收到过不少简历。

跟很多前辈聊天发现，有些人的期望薪酬，竟然比我当时的薪酬还低。这些人工作年头都比较久，既是注册会计师，又是注册税务师等，学历背景也不错。然而，并非如老话所讲"会计越老越吃香"，过了 35 岁反而在职场上的选择很有限。

为什么会这样呢？这恰恰说明仅仅有硬技能和软实力也是不够的，还要提前对财务领域的职业发展进行布局。财务会计发展的前景有限，如果想拥有更多的选择权，不但要懂财务，更要懂业务，要站在业务和战略的层面做财务管理。

公司所有的问题都会集中反映在财务上，业务部门在前期不做好管理，财务、人力这样的职能部门就要去解决后续造成的一系列问题，例如实物和账面对不上、资产发生盘亏、盘盈或者减值、不能给供应商及时付款等等。**想避免这样的麻烦，就要把管理动作前置。**

用 D 特质，统一目标

财务在了解业务的基础上要跟业务部门达成统一的目标。

比如，在公司里，市场部、广告部这样花钱的部门跟财务部最容易起争执，所以要跟业务部门达成统一的目标：花钱可以，但花在哪里、会带来哪些效果、从哪些方面进行考核，这些要提前确认。有些支出可能短期内看不到效果，得看长期效应，那么可以确定好长短期的支出比例和对应的效果验收方案。

用 I 特质，获得认可

平时与业务部门保持良好的关系，在关键时候才更不容易起争执。

比如，聊天时或者管理会讨论时，适当夸奖，提供情绪价值。"公司这次盈利主要靠咱们销售部，最近的促销活动搞得很有新意，收入比上季度一下子提升了20%。"

另外，逢年过节可以送些小礼物或者感谢信，感谢各部门对财务工作的支持。

用 C 特质，树立权威

财务最重要的特点就是逻辑严谨，用事实和数据说话。

对各业务部门要设置专业的财务数据考核指标，例如利润率、库存周转率、应收账款周转天数等等，从业务管理角度和财务记账角度分别给出定期的财务分析报告。如果业务部门对数据有异议，财务部门也能给出合理专业的解释，用专业性、严谨性来树立权威。

用 S 特质，提供支持

有的业务部门可能在流程审批、客户对账，或者统计活动数据时需要协助，如果不涉及原则性问题，可以尽量给予支持。平时多做小事积累好人缘，在之后的关键决策上也能多争取一些支持者。

作为财务工作者，实现职场跃迁，除了提升硬技能、软实力，还要有个人发展的战略思维。要从财务会计逐步走向财务管理，从财务角度给予业务部门指导和支持，保持专业性、积累好人缘、带过硬的团队。

丁伟

DISC国际双证班第37期毕业生
金融投资者心理精度评测系统发明人
"深心爱"®心理咨询品牌创立者

扫码加好友

投资评测
——打造个人稳健盈利交易系统

股票,一直饱受争议,又充满了神秘的魅力。长期以来,它吸引着无数人前赴后继,却又让无数人心碎折戟。很多人都想知道:如何通过学习和努力,在股市中稳健盈利。

心理测量技术的引入和结合意外地成为我 10 年股市投资成绩的转折点——从早期投资的屡屡失意到后期多年的稳健盈利。从股市赚取的收入,让我有机会成立工作室,将自己的价值最大化,去帮助更多有需要的人。

我想将自己多年的研究和实践经验和各位读者分享,或许能够为还在"股海"中奋斗并乐此不疲的股民朋友们提供一个新视角。

我的股票与心理学成长之路

15 年前,我尝试把心理测量技术应用在股票投资上,没想到竟能让我获得了足够支撑我发展理想事业的资金,还让我成长为一名心理咨询师,能帮助有需要的人。

成长困境

2006年,我以专业排名第二的成绩公费考取同济大学的硕士。第一个暑假,我没有回家,而是留在上海,用省下的学费报名参加了心理咨询师课程。第二年,我又成功考取了国家二级心理咨询师证书。

在实习过程中,我感觉到心理咨询事业能对社会带来巨大的帮助,逐渐萌生了从业的想法。然而,理想很丰满,现实却很骨感:仅仅考取了证书,还无法达到接待个案咨询的水平,还需要寻找好的学习资源,不断进修和实践。国内外很好的心理咨询进修专项课程或者培训班,价格非常昂贵,而且还需要持续投入时间。

初阶水平心理咨询师的收入,很明显支撑不了我的长期学习成长所需。如果另外找一份稳定的工作,又会分散时间和精力。

眼见越来越多的同学都放弃了理想,我内心开始恐慌,但更多的是不甘,因为我实在是太热爱这个领域了。

结缘股市

2005年,我偶然读到了《男人与股市》这篇文章,里面写道:"股市实在是一个男人锻炼自己的绝佳场所,如果一个男人可以在市场里摸爬滚打,10年不被股市淘汰,那他收获的心态和境界,将使他在人生中无往而不胜。"

我猛然惊醒,像抓住了最后一根稻草:股市对于我来说,可能意味着一个相对公平的竞赛场,让我在人生当中有了实现自己梦想的可能。就这样,我成了一名股民。

在股市这个竞技场里,我很快感受到了残酷:摸爬滚打5年,并没有如预想中赚钱,总体略亏。自诩的高学历、数学功底好,根本没有将我和其他失败的股民区分开来。

不甘心失败的我,也跟很多散户朋友一样,开始了走南闯北的学习之路,参加过不少课程。在学习过程中,我发现:很多老师都会讲到控制自己非常重要,但是如何做?我不得而知。所以,学了再多的方法也没有用。

不忘初心

在学习股票操作的同时,我依然没有放下心理学的积累和个案的咨询工作。

在做个案咨询的过程中,我隐约觉得心理学才应该是市场中左右着股民的无形的大手。于是,我试着把心理学的一些技巧和股票交易进行结合。

通过心理学评测,我发现自己不善于研究财报、各种数据,反而对人的情绪情感变化、快速的数字变化敏感。于是,我对自己的交易方法进行了很大的调整,并不断地利用心理学工具建立核心交易系统。2011 年,我第一次年度盈利,并收获了总账户翻倍的成绩。

我的心理咨询师成长之路和股票投资成长之路都是坎坷的。但幸运的是,我在并不比任何人聪明的情况下,靠着不服输的探索精神,将心理学与股票操作相结合,在对自己进行精度心理测评后不断做减法,将不适合的方法剔除,同时摸索出了适合我自己的盘口交易方法。

这些工具,除了我自己使用,也应该、也值得为更多的人所知、所用,能让更多散户股民更了解自己的交易行为背后的个体原因,精确、有效地进行改进。

当代心理测量与股票投资

普通人进行股票投资时,最重要的并不是对股票图形、指标参数或财务报表的分析能力,而是对个体足够精确的自我了解和个体情绪管理能力的运用。

DISC 行为风格

DISC 理论是美国心理学家威廉·马斯顿博士在 1928 年的著作《常人之情绪》

中提出的，主要研究人的行为风格倾向，被称为"人类的行为语言"。DISC理论通过对正常人的行为风格的研究，对人的行为与情绪之间的密码进行全方位拆解，是一种针对个体后天阶段、当下行为呈现层面的科学测评。

经过了近百年的发展和优化，DISC已经发展成为全世界使用最广泛的测评工具之一，可以科学地了解个体心理特征、行为方式、沟通方式、激励因素、压力反应、主要期待和主要恐惧因素等。不同行为风格的人，在投资中的恐惧来源、最擅长的方式都会有所不同，需要调整改变的时候，所采用的路径、方式也会有较大的差别。

D特质：独立，好胜心强，喜欢挑战；果断，决策很快，易怒，害怕被别人利用；追求实际的成果。

投资建议：跟踪市场短期热点题材和主流资金流向，短线、中线结合做，回避长线操作。

I特质：富有活力，精力充沛；善于沟通，乐观，喜欢与人打交道；信赖他人，敢于尝试；追求社会认同。

投资建议：回避对市场短期热点题材的跟踪和参与（如果要参与一定不能重仓），回避短线换股操作，用长线思维操作。

S特质：有耐心，易合作；谦逊平和，忠实可靠；关注他人，不喜欢争执；情绪稳定，平和；害怕失去保障。

投资建议：寻找可靠的专业投资顾问，选择稳健预期的股票做长线思维，操作上结合大盘的走势适当中线波段操作为佳。

C特质：擅长思考分析，凡事追求精准；追求逻辑与规则，有时候会钻牛角尖；善用数据和权威来证明观点；有危机意识；追求把事情做对，害怕被批评。

投资建议：设定自己的资金配比，再分析形成自己的自选股票池，按照自己的资金配比操作自选股即可。

了解了这些，我们就有能力、有方法来立足当下，设定个人的阶段目标，并且相对舒适地调整自己，尽量避免半途而废，不用停留在"算了，我的操作就是这样了，肯定改不了的"的阶段。每个人都可以通过后天学习与训练，找到自己处理问题的方法。

我经过大量个案实践和心理测评的实证研究发现，行为风格对我们的情绪管理、承压潜能有巨大的影响，进而深刻、直接地影响我们的投资操作。但在压力极

大、高度紧张的状况下,每个人的思维、决策、情绪反应等方面的表现,会无限趋近于先天特性。这是为什么呢?

三脑原理与情感智能

根据三脑原理,我们每个人的大脑存在三层:爬行脑(古老脑)、情绪脑(哺乳脑)、视觉脑(新脑)。

爬行脑:处理与安全有关的信息,做出与安全有关的决策。当我们处于惊恐的时候,另外两个脑就停用了,只有爬行脑做出决策。比如,股票投资者回顾自己过往交易的情景,几乎在很多次需要冷静做出决策的时候,却又僵住,事后又说"其实我当时应该……"

情绪脑:完成生活中绝大多数的信息处理和决策,负责感受是否被尊重、被信任、被爱,以及各种负面情绪,如抱怨、纠结、沮丧、失落、悔恨、愤怒等。让自己的情

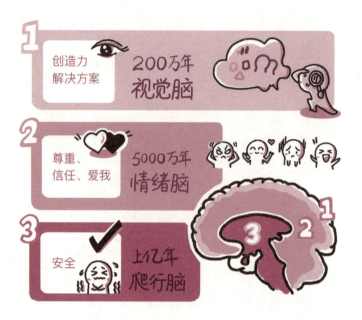

绪脑保持冷静,是一个股票投资者必须训练的核心能力之一。

视觉脑:是人类最有创造力的、最聪明的部分。我们每个人最富有创造性、最成功的决策和创意,往往都出自视觉脑。但视觉脑需要在安全并且情绪良好的情况下才能充分发挥效用。长期在投资中稳健盈利的投资者,往往都具备很好的情绪掌控能力,有良好的心态。

我们还要了解一个重要的概念:情绪。

情感现象是人脑中非常复杂的一个运作机制,仅仅用"情绪"一词,是不够全面、正确的。

在英文中,有三个词可以对应我们所说的情绪。

mood:一段时间内,各种感觉的集合,成为人们当时的心情,没有具体词语来形容,只有正向、负向及平和三种状态(即俗话中的心情好、不好、不好不坏)。

feeling:某一种或多种情绪混合体所带来的感受。

emotion:我们无法完全清晰地描述,但确实能感受到它的存在。

每个人一天有25000种情绪,可以说,每时每刻,我们都在不间断地经历各种不同的情绪。它们转瞬即逝,在不经意中影响着我们的思想、感受、决策、行为和成就。

今天,我们已经可以通过测评和教练的方式,改变自己的情绪状态,提升自己的情感智能,从而把控自己的思想、感受与行为,让我们的决策更加有效。

对于一名股票投资者来说,每天在看盘、操作的过程中,一定会有各种情绪,有些情绪和股票波动有关,有些情绪和生活有关。看似变化细微的情绪,也会对我们的交易产生很大的即时影响。

复合测评工具

我结合以上工具,研究出了一套复合测评模型——金融投资者心理精度评测。它的原理就是:先对自己有正确的认知,包括先天特质、后天行为风格、压力反应、潜意识内在需求、核心价值观、攻击性高低、调适力强弱、情感智能高低等;然后根据这些精确细致的剖析调整方向和给出具体的办法,尽可能发挥优势,回避劣势。

在对个人的投资风格进行精度调整的过程中,DISC工具发挥了很大的作用。DISC测评并不是简单地对号入座、贴标签,因为每个人身上都有四种特质,不同的是我们习惯于用哪种特质来应对哪种特定的场景。做股票交易这个应用场景,恰恰需要我们非常灵活地调用我们的各种特质,并且在不同的时期进行正确使用。

通过测评、解读、教练、实践等步骤,逐渐让股票投资者提升自己的情感智能水平,更多、更好地将自己的视觉脑利用起来,这样才能建立最适合自己的交易系统。

炒股的"最后一公里"

从资本市场获利不止一个方法,但不管什么方法,核心原则是错误犯得越少,成功的概率越大。投资者可以犯错,但一定要知道哪些资源可以让自己逐步成长到避免犯错,只留下适合自己性格的方法。测评不是目的,成功、稳健、富足才是。

每一个投资者都是特殊的,对于精度评测,个性比共性更有价值。我这套"精准评测——思辨减法——打造自身系统"有巨大的价值,可以帮助每个股票投资者实现炒股的"最后一公里"。

案例1:我本人

2006年进入股市后,连续五年,我多数处于亏损状态(哪怕中间包含了一年的大牛市,依然如此)。

当时的我,还处于茁壮成长的韭菜模式。各种指标、图形,我都研究;各大论坛,都有我的身影,我参与各种讨论,打探各种消息,从新闻里分析各种行业热点。我看别人大都也是这样做的,于是依葫芦画瓢,结果却大失所望。

在探索的过程中,我开始尝试用心理学来分析自己,前前后后进行了 13 个付费心理软件的测评,并且认真地分析了每一个测评的结果,从多个维度仔细地评估自己的天性和特点。测评的结论如下。

我的短板:逻辑分析能力不强、思考时不能同时关注几个方面、分析问题不求精确、面对困难时没有耐心、信息捕捉能力不强。而这些能力是在进行基本面分析、寻求市场中的行业热点时绝对核心且必要的。所以,在需要快速做出重大决定的时候,我的压力会很大,在面对压力时,我的天性反应又是趋向于冒险。

我的优势:空间想象力、情绪感受力、对数字的感受力、创意力这几个方面都具有比较明显的先天优势;我的执行力非常好,初等数学和高等数学的功底也相对过硬。

通过这些精准评测,我才发现为什么自己对分析题材提不起精神,对研究政治经济更是没有兴趣,选股能力非常一般,但却喜欢实时看盘,喜欢根据那些多档位的数字变化去猜测当下正在发生什么、执行交易的人都在想些什么。于是,我开始调整方向,逐步让自己回避容易犯错的区间,去发掘自己存在的优势。

当我观察全档位盘口信息的时候,经常会有一些不一样的敏锐觉察。通过盘面的数字变化我似乎能感觉到不同交易者的情绪变化,而且很神奇的是,这个情绪变化总是领先于分时行情见顶/见底大概 10～30 秒。关键是,在这个过程中,我都充满了乐趣,并且乐此不疲。这让我更进一步坚定了信心:这些盘口的观察捕捉能力可能就是我苦苦寻找的相对优势。

有了方向,接下来就是不断实践、不断总结。最近几年,我每天都在做笔记、做记录,逐渐形成了自己的"交易系统"。利用核心优势,我弱化选股、回避消息面题材热点的干扰,长线持股。自 2011 年确立核心交易系统后,我实现了年度稳健盈利,并且连续五年都实现了年度账户翻倍的成绩,并且 2011—2020 年这十年间一共有七年达到了年度账户翻倍的成绩。交易股票的数量从前五年的几十只股票,减少到现在的五只股票(不含中签新股)。

通过将心理学与股票投资相结合,我拥有了适合自己的核心交易系统。直到今天我依然没有把精力放在基本面、技术面研究方向,也不怎么追逐题材热点,以持股为主,每天看看盘,在数字变化中寻找乐趣,降低成本。

靠着这些持续稳健的盈利,我的心理学事业获得了强有力的持续支撑。而我开发的金融投资者心理精度评测工具,也在不断升级,可以为有需要的用户提供针对性强的帮助。

案例2:第一位付费测评者

2016年,伴随着市场散户的哀鸣,我迎来了第一位金融投资者心理精度评测工具的付费客户。

这位来访者是一家国企的技术研发团队中层。他上班时间很忙,但是为了炒股赚钱,每天回家都加班研究股市,每周末花一整天研究,一直不间断,得出结论之后,观察股票,然后交易。他基本上是用10天左右选出7~10只股票,跟踪观察。两周左右,这批股票中就有3~5只会向上突破,成为涨幅特别大的大牛股。总体来说,这是一个非常厉害的人物。

但是,他在实际的股票交易当中,收益却很不理想,甚至常年收益为负。即使2015年那么好的行情,也几乎没有赚钱。随后在大盘回落的时候,亏得非常快,短短几个月的时间,他前面多年的积累几乎损失殆尽,元气大伤。

他非常苦恼:为什么自己的水平明明不差,常常能选出好股票,就是不能炒好股票。他推荐股票给朋友们,他们赚了大钱,自己却没能赚到钱。

我对他进行了精度复合测评,结果显示:他的优势与他的工作选择相悖,工作属于扬短避长;在工作场景下,他的人际敏感度不好;他的压力反应是对外隐忍、向内进行攻击;与家人沟通效能非常低,而他的爱人属于高度指责型;他的坚持度极高,个性很强并不服输。

我提出了一个假设:他在股票交易中的挫败跟他在家庭和工作中的感受有很强的相关性。其实在股票交易中他的优势很明显,就是分析能力和捕捉机会的能力。当冷静下来发挥视觉脑的时候,他的聪明才智是足够的,但是在实际操作中,他的情绪控制能力严重缺失,操作时常常被情绪脑支配,连续亏损时又被爬行脑支配丧失了执行力。

我基于此与他进行了细致的长谈,得到了更进一步的具体信息。

在工作中：他的专业水平很高，但总被同事奚落、被领导冷落，晋升无望，又没有其他发展路径。如果跳槽，由于他的专业限制，学历也不是特别高，进入特别好的单位的可能性也不大。

在家庭中：他妻子的学历比他高、工资比他高、工作比他轻松，在外人眼中比他更优秀。妻子 D 特质很高，习惯于对 C 特质的他发号施令。他觉得一个大男人被妻子每天呼来喝去，既不被尊重，也没有价值。职场停滞不前、薪酬待遇不高成为妻子经常攻击他的点，所以他迫切需要工作之外的成功来显示自己的价值。

通过好几次咨询，他慢慢地发现了自己长期存在的问题：由于领导的压迫和歧视、家里人的轻蔑等，他的情绪有点扭曲，迫不及待地需要用高于市场正常收益率的成绩来向别人展示"我是特别优秀的"，所以他的情绪始终处在非舒适区，始终在挑战自己。而他的承压潜能和承压风格参数又很低。

我按照这个思路，先后使用了房树人、爱的语言等工具对他的亲密关系进行了修复，帮助他提升了与妻子的沟通效能；对于工作，我结合 DISC 测评给出了具体的建议，让他自己形成每周成长目标，在实践中改善人际敏感度；根据他的多项测评参数给他设计了 6 次股票交易教练课，进行了一些教练访谈和沟通。

测评和咨询、教练工作的效果随后逐渐显现：自 2016 年开始，他在大盘长期萎靡不振的情况下，把亏损的本金全都赚回来了，连续几年跑赢市场，年收益率都在 30% 以上，2020 的年收益率已经达到了个人历史最高纪录。

除了股票交易本身，他的工作能力、情感智能水平，都有了长足的进步，工作更顺利、生活更幸福了。

新时代，新路径

股票投资者平时学到的道理是相同的，各种不同的炒股方法本身也是相通的，但是不同个体运用的实践效果却是千差万别的。关键在于，绝大多数人都没有意识到个体对于相同方法和道理的理解、执行和感受是有很大差别的，因缺乏精准评估，忽视了自身个体的特点，只是把投资行为的亏损归咎于市场、自身的运气、方法存在弊端等。

普通散户股票投资者对待学习的态度大体有两种：乐此不疲到处寻找学习班学习各种"战法"，期待找到金钥匙；或者"警觉性"过高，面对学习资源一笑置之，"我才不去当韭菜呢"，不去付诸行动。其实这两者都太极端，真正的金钥匙其实是有的，只不过每个人的金钥匙不一样，而且它就在我们自己的身上。

股票交易都是由人来完成的。虽然也有很多量化交易和自动算法，但这些算法最初也是由人的思想来形成的。股票投资者的每次操作都面临自己情绪当中的一些恐惧、一些贪婪或者一些激动，当被种种情绪左右的时候，个体的大脑对交易操作的处理机制和决策过程，都是不同的。基于此，没有什么方法能比从自己的特质出发去打磨交易系统更科学、更合适了。

用评测的方式来优化个人的投资系统，一是精确寻找到个体独一无二的特性和倾向性，并与个人长期的具体习惯和行为进行比对分析；二是在几种不同的调整思路中，找准、找对调整方法。

很多人以为测评只是找到倾向性，这种观点其实并不全面。认识到自己平时认识不到的部分，需要精度评测。有针对性地进行优化，其实也就是让自己走出舒适区，去获得进步，这也需要精度评测来为自己提供方法。没有第一步，则第二步没有明确的方向，纵然努力调整，也是徒劳。没有第二步，则第一步的精确评测只能带来遗憾，不改变，何谈突破。

至今我的金融投资者心理精度评测工具（结合 DISC 等约十项心理测评工具开发而成）已经有了不少案例，顾客们良好的实践效果证明对个体精准的认识、对个体心理的调整和梳理，在金融投资中非常重要。回避自己天性中最容易犯错的区域，让错误减少，也就是在提高自己操作的成功率。

最后要特别感谢 DISC + 社群第 28 期的学姐江涛老师，她在喜马拉雅《乐趣投资晚八点》栏目中曾就股票心理学采访过我，让很多对股票心理学感兴趣的朋友了解了我，也间接促成了我撰写股票投资的相关文章。关于我在本文中提到的复合评测的更多内容，可以通过我的另一本合集《终生成长》中的《DISC 复合测评——打造健康人格成长矩阵》深入了解。

陈硕琪

DISC国际双证班第77期毕业生

口腔医师

注册营养师

践行健康中国2030科普达人

扫码加好友

高配人生
——自我健康管理实现品质生活

虽然科技的发展日新月异,临床医学的治疗手段达到了前所未有的高度,但人类的健康问题,伴随环境的恶化,日益令人担忧。糖尿病、心脑血管疾病、癌症、慢性疲劳症等退行性疾病越来越普遍化和年轻化。

有人说:成年人的世界里,只有两件事是容易的,那就是变老和变胖。我们在日复一日的忙碌中,忽视了身体发出的一个又一个警示信号。虽然现代医学的治疗手段,可以暂时对慢性退行性疾病进行控制,但并不能根治。

高配人生的基础

我们都希望在拥有高品质生活的同时,拥有健康的身体。如果活得足够健康,我们会得到非常多的好处:

拥有更长的生命。

拥有比实际年龄更年轻的外表。

心态更好。

精力充沛,远离倦怠。

体重能够控制在正常范围内。

减少罹患多种癌症的可能性。

在晚年仍拥有活力。

保持骨骼健康。

……

显而易见，这些好处，都是我们梦寐以求的。

从营养均衡的角度看，大部分人都了解每天应该摄入多少营养，但却因为无法管住嘴而放弃自我管理，常常不自觉地陷入"压力→饮食不规律→作息不规律→亚健康＋身材走样→迷茫＆自暴自弃＆节食→复胖"的怪圈中。

尤其是在职场打拼的产后妈妈们，一方面要应对快节奏、高强度的工作，另一方面要兼顾宝宝的成长，在无限的繁忙中，逐渐放松了自我管理，变成了自己曾经最看不起的样子。

如何做到既适应高强度的工作，又能享"瘦"生活呢？有没有什么方法简单易行，不需要刻意坚持，也能长久地执行呢？

健康是一种选择，更是一种责任。我想把通过上千个案例总结的经验与大家分享，帮助大家设计出适合自己的具体行动方案。

首先，我们不妨先做一个自我评价。

横坐标代表对健康的重视程度，纵坐标代表营养健康素养水平。

第一象限：既重视健康，又具备较高的营养健康素养水平，懂得自我管理的知识、身材好、颜值高、大脑清晰、记忆力佳、远离倦怠感的大赢家。

第二象限：具备一定的自我健康管理的理论基础，但由于对健康的重视程度不够，还没把践行工作提上日程，一切都还停留在理论上的理论家。

第三象限：对营养健康非常重视，也渴望得到健康。如此重视的原因，很可能是因为身体已经发出了警示信号：体重失控、睡眠质量下降、疲劳综合征、压力无法缓解、体检报告数据异常等。内心对获得健康极其渴望，愿意通过多种途径获得健康，但由于缺乏正确的观念，缺乏足够的知识储备，总在走弯路的渴望者。

第四象限：还没有开始意识到健康的重要性，对自我健康管理也存在较大的认知盲区，像一个局外人。但健康水平和生活品质都难以在长时间内保持高质量。

请注意,营养与健康,和作为有机体的我们,是息息相关的,没有绝对意义上的"局外人"。

相信我们都能在这四个象限中,找到自己的位置。如果希望未来的自己可以稳稳居于第一象限,拥有高配人生,那么下面的文字,就是为你准备的。

自我健康管理的四个原则

威廉·马斯顿博士提出的 DISC 理论,不仅可以帮助我们更好地了解自己和理解他人,还可以融入自我健康管理的体系中,指导我们的实践。

要做好自我健康管理,首先要遵守的四个原则是:精力充沛、尊重情绪、维持喜好、持续执行。

D 特质——精力充沛

D 特质代表行动快、时刻保持精力充沛,让我们保有清醒且敏捷的大脑。

摄取充足的营养,是精力充沛的前提和基础。如果想每天保持精力充沛,就要保证摄入充足的蛋白质。一个简单的方法可以计算出自己每日需要的蛋白质摄入量(以克为单位),体重乘以系数(0.8~1.8 中的某个数值),得出的结果就是自己每日的蛋白质摄入量。

如:某人体重 70 公斤,用 1.2 乘以 70,等于 84 克,这就是他每日蛋白质最佳摄入量。

从 0.8~1.8 中选择的系数,取决于每个人的健康状况。如果身体状况良好,而且生活没有太大压力,应该选择较低的数值,如 0.8 或 1.0;如果压力很大,就应该选择高值,孕妇或从事大量体力活动的人,以及从疾病中恢复的病人也应该选择高值来计算每日蛋白质摄入量。

我们不妨计算一下,自己每天需要多少蛋白质。

同时,我们要按照"三高"和"三低"的原则,对食物进行正确的选择。"三高":高蛋白、高膳食纤维、高钙;"三低":低钠、低卡、低糖。

牢记"适度运动、营养均衡、充足睡眠、充足水分"这 16 个字,能够帮助我们更有效地为大脑提供能量,获得充沛的精力和敏锐的判断力。

I 特质——尊重情绪

I 特质代表活力与热情,情绪丰富,变化也很快。理解和接纳自己的情绪,有助于每个人缓解压力。

梅耶·马斯克在《人生由我》中提到,除了饥饿,还有很多因素导致人们暴饮暴食。当人们在感到焦虑、紧张、劳累、无聊、抑郁、孤独、快乐的时候,有一部分人会吃得更多,如果不先解决这些情绪问题,就无法养成良好的饮食习惯。

有人因为焦虑而大吃特吃,但这并不能解决根本问题。我们无法控制自己不去设想未来,但也许可以换一个角度去理解未来的样子,正如《星际穿越》中描绘的那样,即便身处不那么美好的"未来"。接纳往往才是治愈的第一步。

有人因为工作压力太大,需要靠稳定的糖以及必需脂肪酸来缓解压力。如果是短期的压力,可以适量补充快速为大脑供能、提升精力的食物。比如,我在备考注册营养师的时候,因为白天需要工作,下班了还需要照顾两岁的孩子,留给自己复习的时间,也只有孩子入睡之后。因为次日需要早起,不敢晚睡,只能晚上九点半到十点半学习。大脑高速运转的时候,能耗会增加。如果不及时补充能量,学习效果就无法保证,所以,我在备考期间会吃一些升糖指数低、能够持续供能的食物,含纤维素的食物就是一种不错的选择,比如,绿叶蔬菜、粗粮、豆类。科学调整后,大脑可以胜任工作,身体的压力又不会太大。

如果是长期的工作压力,那么真正能够解决问题的,并不是食物,而是放慢脚步,先问一下自己,是否真的喜欢现在的工作,如果喜欢,那就积极寻找工作中的快乐和价值感。如果已经达到厌恶的程度,那就尝试做出改变。可以换一个赛道,也可以换一个竞技场。总之,要先从自我调节着手,让身体自然而然地放弃对高升糖食物的渴求。同时,我们可以像梅耶说的那样,"尽一切努力让自己吃得健康"。确保在看得到的地方,只有健康食品。

C 特质—— 因人而异

C 特质代表冷静、理性,擅长分析。对于饮食,每个人都有自己的偏好和选择。

大部分人很容易被"健康"这个概念迷惑,在知识储备不足以辨别真伪的情况下,常常误入歧途。身处这个信息爆炸的时代,太多的学派和观点,让普通人混乱和不知所措。而很多的研究和实验数据,也在不断更新。对于复杂人体的认知,我们不能穷尽。关于营养和健康的建议,我们应当选择权威且官方的。

正如森拓郎在《运动饮食》一书中所说:"减肥,不是靠忍耐,而是在认识并接纳了自己之后,找到的平衡点。"所以,我们需要先尊重自己,再结合科学的理论知识,去制定个性化的方案,才更容易执行。先接纳自己,让科学为自己服务,而不是一味地去迎合某些科学的观点,做出让自己不适的改变。

改变的目的是变得更好,过程也一样。苦行僧的做法,即使短期内有效,但难以长久坚持,所以不值得采纳。

S 特质——持续执行

S 特质代表和平与包容,有韧性,能坚持,包容度很强。

吃得健康、营养,身体活力满满,想来是美好的。但很多人仍然会找各种理由,中途放弃。"知行合一"是我家乡贵阳的城市精神。王阳明说过:"真知即所以为行,不行不足谓之知"。他是想告诉大家,采取行动的知,才是真知。如果我们的内心,是向往健康的生活方式的,但是如果不把这种向往,落实到每一天的行动上,我们最终也无法活成自己想要的样子。

所以,我们要通过每天认真践行科学营养的饮食方案,调整生活习惯。有健康的体魄做基础,才有机会朝着高配人生的目标一步步前进。

从第二、第三象限,实现到第一象限的跨越是容易的;从第四象限到第一象限,会艰难些。只有知道自己"不知道",充分认识到自己的盲点象限,才有变"不知道"为"知道"的可能。也只有先做到知道,才有后续的执行。

鱼和熊掌可以兼得

在自我健康管理中,用好 DISC 理论,鱼和熊掌是可以兼得的。具体分为以下四个步骤:

用 D 特质设定切实可行的小目标

设定切实可行的小目标更容易坚持。

Jack 是一位自驾车通勤的职场人士,他最初开始关注自己的健康,是因为体检报告显示他血尿酸值偏高。和很多中年男士一样，Jack 应酬颇多。推杯换盏间，腰围和体重迅速上涨。身为一个上市公司西南大区的总负责人，Jack 虽然刚刚 35 岁，却已经出现了偏头痛和严重的疲劳综合征，开会也不敢放在午后，因为他会有严重的倦怠感，而且注意力难以集中。

找到我时，Jack 一脸无奈的样子。我建议他把每天步行 6000 步的大目标，拆解成 2000 步 +2000 步 +2000 步的 3 个小目标。针对办公室久坐的问题，设置工作间隔闹钟，提醒自己每伏案工作 1 个小时，就起身活动；给自己找一些需要步行一定距离才能完成的小活儿，比如，给自己准备一本步行用书，工作 1 个小时，就把这本书从办公室拿到距离较远的另一个办公室，然后回到办公室继续工作，这样一来一回，就可以积累一些步数。等下一个一小时，又去把书取回来。分解了大目标，用"自己和自己做小游戏"的方式，完成小目标。

当每天的小目标都完成后，早、晚给自己提供一些优质、营养的食物，作为完成任务的奖励。身体在得到奖励后，会产生积极的反应。

改变是巨大的。坚持了一个月后，Jack 主动给我反馈：午后的倦怠感彻底消失了，一整天都拥有充沛的精力，大脑清晰，能够非常高效地投入工作。坚持三个月后，Jack 的腰围减小了 6 厘米。他的体检报告和 3 个月前相比，几项偏高的指标都有了回落。最显著的是同型半胱氨酸值，几乎已经回归正常值范围了。

目标分解后，再完成，会比较容易执行。只有先执行起来，才有坚持的可能性。

用 I 特质关注自己在过程中是否快乐

我们的努力，很大程度上是为了让自己过得更加快乐。获得健康的过程，也不例外。

有很多朋友，在减肥的道路上，自律到近乎自虐：一根黄瓜或者一个西红柿，就算一顿饭。这还不够，还要去跑步机上跑一个小时。这样的方式，也许会减轻一些体重，但能持久吗？即使有惊人的毅力，但过程中能感受到快乐吗？更何况还要承受一旦恢复正常饮食就迅速复胖的毁灭性打击，心情难免更加沮丧了。

一件事情如果要持久，就需要让它变得可持续。掌握科学的生活方式，建立奖赏回路机制，快乐地收获健康，才是可取的。

Linda 是高校的英语老师。在做妈妈以前，她是一位极其爱美的事业女性。可是由于孕期和产后,没有用科学的方法指导自己,导致她身材走样。身高 160 厘米的她,体重一度突破了 60 公斤,让她十分苦恼,没有自信。

但 Linda 酷爱学习,愿意主动学习国内外的前沿方法。她阅读了《营养圣经》《别让不懂营养学害了你》等营养学方面的畅销书。我们经常在一起交流营养学知识。她说,营养学既包含专业性很强的医学知识,也有很多我们普通人可实际操作的部分,她特别想把营养学运用于自我体重管理的实践中。

在有了一定的专业知识储备后,Linda 学以致用,开启了逆袭之路。因为她的体重基数较大,如果直接开始运动计划,身体负担太重,很难坚持。和大多数人一样,她并不希望过苦行僧式的生活,于是用了非常简单且容易坚持的营养学方法:先为身体补充优质且充足的营养,恢复细胞的机能,促进代谢;在营养师的指导下,采取地中海饮食模式,每天给自己做轻食,既满足身体所需,又不给身体增加负担。因为无须节食挨饿,她的心情也十分愉悦。

这样持续了三个月,Linda 的体重已经有了明显下降。但她对自己的身材有更高的要求,开始加入减脂塑形的运动。在完成目标的基础上,以不同的方式奖励自己:有时是一条心仪已久的裙子,有时是自己调制的一杯秘制特饮,有时是一块线上跑步活动的奖牌。总之,Linda 时刻关注自己的心理需求,让自己保持快乐的心情。

后来,Linda 逐渐培养出跑步的兴趣爱好,一开始是 3 公里,渐渐可以跑 5～10 公里。每次跑步,她都会用运动 App 记录轨迹和身体的数据。每次跑步,她都会带上补充营养的食品和饮品,用她的话说:"让身体里的细胞们吃饱了,才有力气跑啊!"所以,她减脂增肌的效果令人惊叹。

陈立教授在新书《滋味人生》中写:"我们与新食材的相遇,创造了人类包容、接纳新事物并将其融入自己生活圈子的能力。这种能力也成为一种重要的性格基础,推动了我们命运的轨迹。"

Linda 就是这样一位快乐的践行者。她养成了每周跑步 3 次的习惯,并且坚持了 3 年。在这 3 年里,Linda 参加了很多次线上马拉松跑步,收集了很多奖牌,并越发喜欢这项运动,2019 年还获得了一场山地全马女子组冠军。记者在采访她的时候,怎么也不敢相信,眼前这位体态轻盈、步履矫健、身材紧致的运动健将,曾经竟然因为身材走样而苦恼。

现在的 Linda 成了一位运动＋美食达人,在社交平台上圈粉无数。她说,是营养学和运动改变了她。如果没有营养学的指导,她不会爱上跑步,因为太累,难以坚持。正是营养学,才让她在轻松愉悦的状态下,一边享受美食,一边爱上运动,活出了精彩。

用C特质制定"慧吃"方法

身为营养师,有一件工作很重要:教会大家怎么吃,聪明地吃,即"慧吃"。用大白话说,就是吃得好、吃得饱、吃得多。

吃得好:摄入优质的营养。何谓"优质"?准确说,就是有所为、有所不为。身体需要的,均衡且足量摄入,例如优质蛋白质、膳食纤维、低升糖主食、全麦食品、深色蔬菜、必需脂肪酸等;身体不需要的,就远离,例如精制糖、过多的钠、过多的饱和脂肪酸等。

应酬的时候,满桌的菜,让人垂涎欲滴。很多人说,赴宴一次胖三斤。当看完以下秘籍后,再也不用担心了,因为胖三斤的永远是别人。

要如何做呢?菜陆续上齐后,千万别忙着动筷子,先喝一点水,不动声色地观察一下,哪些是深色的蔬菜。每次深色的蔬菜转到面前,就尽量多吃一些。二三轮后,继续观察,可选择颜色略浅的蔬菜,以及菌菇类。对于纤维含量丰富且抗氧化功能强大的食物,不需要太节制。四五轮后,已经有一些盘子被撤走,又有新菜上来。继续观察,有没有豆腐或者豆类食物,选择性地吃一些,也可以继续吃深色蔬菜和浅色蔬菜。然后,可以适量选择鱼、虾、蟹等。通常女士吃到这个时候,已经有饱腹感了。如果是男士,可能还会有一些空间,那就继续选择牛肉或者不带皮的鸡肉,一边吃肉,一边辅以深色蔬菜、浅色蔬菜。最后,如果仍觉得需要吃主食,适量摄入一些即可,可以选择荞麦饭或者五谷杂粮。需要注意的是,即使是"正确的食物",也需要控制总量、细嚼慢咽。

吃得饱:不是只维持正常的不饥饿状态,而是让身体内的细胞吃饱,也就是让细胞充分摄取人体必需的营养物质。说白了,人最大的本能就是抵抗饥饿,吃饱是活得愉悦的前提。很多采取节食或者极度热量控制法管理体重的人,都不太愉悦。饿着肚子,谁会开心呢?一旦不开心,就难以坚持。一旦不坚持,体重就会反弹得更厉害。既然得不偿失,那就抛弃这种不开心的方法吧,开心地吃饱。

早餐,是一日三餐的重中之重,需要选择能为大脑供能的优质蛋白质和全谷物食物,以及膳食纤维丰富的蔬菜。水煮鸡蛋、全麦面包和无糖酸奶,都是不错的选择,再用橄榄油加一点醋,做一份蔬菜沙拉,同时加一些蓝莓。如果是女士,早上一下子吃不了这么多,可以先吃蔬菜沙拉和全麦面包及无糖酸奶,10 点左右再吃蓝莓和水煮鸡蛋。

午餐和晚餐,坚持以不会引起血糖急剧波动的缓释型碳水化合物为主食,如全麦食物、藜麦、五谷杂粮等。小型鱼类和有机草饲牛肉以及豆腐都是不错的蛋白质来源。番茄、青椒、菠菜等深色蔬菜和菌菇类食物最好能坚持每天摄取。提供一份"慧吃"一日食谱,供大家参考。

早餐　7:30—8:00　　无糖黑豆豆浆 250 毫升

　　　　　　　　　　有机紫薯 50～100 克

　　　　　　　　　　3 种以上水焯或凉拌的深色蔬菜(菠菜+小番茄+裙带菜)200 克(佐以橄榄油/亚麻籽油)

加餐　10:00—10:30　水煮蛋 1 个+蓝莓 200 克/苹果 200 克/猕猴桃 200 克/青柚 250 克/梨 200 克/橙 200 克/石榴 200 克

午餐　12:00—13:00　主食:有机藜麦+杂粮饭 100 克

　　　　　　　　　　清蒸虹鳟鱼、凉拌木耳+莴笋丝

　　　　　　　　　　豌豆肉沫烩西红柿、鲜茶树菇炒肉

　　　　　　　　　　纳豆 50 克、鹌鹑蛋竹荪汤

　　　　　　　　　　无糖柠檬水 250～400 毫升

加餐　16:00—16:30　原味(无油/无盐)坚果 25 克

　　　　　　　　　　无糖奇亚籽牛油果酸奶 150 毫升

晚餐　18:00—19:00　主食:有机藜麦+芋头 50～100 克

　　　　　　　　　　大明虾 1～2 只,低盐低油炒时蔬(茼蒿菜)100 克、海带丝 50 克、秋葵 25 克、芦笋 50 克

几个关键点:

盐:低于 6 克/天

油:25～30 克/天

饮水:1500～1700 毫升/天

步行数:6000 步/天

睡眠时间:6～8 小时/天

23 点前上床睡觉,不熬夜

每周运动 2～3 次,每次 40～60 分钟

吃得多：不是数量多，而是种类多，食材的种类越丰富越好。推荐彩虹饮食法。

麦克尔·莫斯利在《轻断食》一书中说："食用的植物种类越多，你的肠道菌群就越多样化。"可是，由于现代生活的快节奏，我们的食物范围已经越来越狭窄，直接导致肠道菌群失调。据统计，世界上 75% 的食物仅仅来自 12 种植物和 5 种动物。如果我们能够吃更多种类的植物，以及很多植物的不同部分，可以让我们的肠道菌群更加丰富。维持肠道的健康，对于人体的健康，也有着不可估量的益处。

用 S 特质给予自己足够的耐心

很多时候，我们总是容易陷入急于求成的陷阱。一味强调迅速达成结果，却忘了遵循事物原有的规律，这是自我健康管理的大忌。不要着急，让自己的身体先慢下来，心急吃不了热豆腐。放松心情，对自我健康管理抱有正确的预期，才是可持续的正确道路。

如果你总是带着"要比别人瘦""要比别人跑得快"等诸如此类的想法，就容易陷入焦虑和不安的情绪。身体在有压力的情况下，会分泌更多的皮质醇，反而不利于达成目标。

所以，无论如何，先给自己足够的耐心和空间，保持自己的节奏。跑得不快，没关系，就用适合自己的速度跑。要记住，通过自我健康管理的方式保持健康，是自己的事情，不需要和别人比，只需要确保比前一天的自己有进步，就是完美的。

Sally 是一家自媒体公司的运营总监。创业伊始，为了提升公司业绩，她常常工作到忘我的状态。由于压力和不规律的作息及饮食，她的体重也急剧飙升：158 厘米的身高，搭配了 68 公斤的体重，走起路来，像一尊移动的弥勒佛。她很苦恼，发起狠来，连续一个月没有吃过晚饭。结果经期紊乱，脸上全是压力痘。

我给 Sally 的建议，第一项就是释放压力。通过冥想、瑜伽、香薰等方法，把自己的压力缓慢释放出来。每天睡足 6～8 小时。睡觉前，洗个热水澡，用精油做一个香薰，放空大脑，让自己从一天的工作状态中舒缓下来。工作上可以雷厉风行，但对自己的身体，就不能急于求成。

第二步，是恢复正常饮食。没有充足的营养支持，脂肪代谢中所需要的酶和辅酶就容易缺乏，反而不利于体重管理。当 Sally 明白这个逻辑后，恢复了晚餐。我还建议她注意补充"抗压元素"镁。身体得到营养，她的精神也得到了放松，整个人的状态也好了很多。

第三步,就是解决体重的问题了。这个过程,至少需要3~6个月。我让她有心理准备:体重不会如她所愿线性下降,只会螺旋式下降,而且还会经历平台期。总之一句话,要有耐心,慢慢来。刚开始,她觉得和自己的预期有差距。但我告诉她,慢下来,只要不复胖,体重管理就是高效的。她终于接受并开始按照我的方案,认真对待每一餐,经常给自己安排彩虹餐。

渐渐地,她的体态轻盈了,皮肤状态改善了,真正让我惊讶的是她性格的变化。如今,一年多过去了,Sally 的状态越来越好。她说,整个过程让她备感放松,她终于体会到"快节奏里的慢生活",用足够的耐心去接纳并践行这一份"慢"的迷人之处,现在 Sally 已经爱上这样的生活方式,并愿意持久地这样生活下去。

当我们将 DISC 的理论和方法学以致用,管理好自己的身体,收获的不仅仅是健康,还有美丽和魅力。在体型的蜕变和由内而外的自我迭代中,我们可以用更健康坚实的肩膀、更加清晰的头脑去创造美好生活,增强社会竞争力,从而拥有高配人生。这就是自我健康管理带来的飞轮效应,每一个热爱生活的人,都应该保持这个状态,最终收获品质生活。